常用对数表（二）

数	0	1	2	3	4	5	6	7	8	9
5.5	0.7404	0.7412	0.7419	0.7427	0.7435	0.7443	0.7451	0.7459	0.7466	0.7474
5.6	0.7482	0.7490	0.7497	0.7505					0.7543	0.7551
5.7	0.7559	0.7566	0.7574	0.7582						0.7627
5.8	0.7634	0.7642	0.7649	0.7657						0.7701
5.9	0.7709	0.7716	0.7723	0.7731						0.7774
6.0	0.7782	0.7789	0.7796	0.7803						0.7846
6.1	0.7853	0.7860	0.7868	0.7875						0.7917
6.2	0.7924	0.7931	0.7938	0.7945						0.7987
6.3	0.7993	0.8000	0.8007	0.8014	0.8021	0.8028	0.8035	0.8041	0.8048	0.8055
6.4	0.8062	0.8069	0.8075	0.8082	0.8089	0.8096	0.8102	0.8109	0.8116	0.8122
6.5	0.8129	0.8136	0.8142	0.8149	0.8156	0.8162	0.8169	0.8176	0.8182	0.8189
6.6	0.8195	0.8202	0.8209	0.8215	0.8222	0.8228	0.8235	0.8241	0.8248	0.8254
6.7	0.8261	0.8267	0.8274	0.8280	0.8287	0.8293	0.8299	0.8306	0.8312	0.8319
6.8	0.8325	0.8331	0.8338	0.8344	0.8351	0.8357	0.8363	0.8370	0.8376	0.8382
6.9	0.8388	0.8395	0.8401	0.8407	0.8414	0.8420	0.8426	0.8432	0.8439	0.8445
7.0	0.8451	0.8457	0.8463	0.8470	0.8476	0.8482	0.8488	0.8494	0.8500	0.8506
7.1	0.8513	0.8519	0.8525	0.8531	0.8537	0.8543	0.8549	0.8555	0.8561	0.8567
7.2	0.8573	0.8579	0.8585	0.8591	0.8597	0.8603	0.8609	0.8615	0.8621	0.8627
7.3	0.8633	0.8639	0.8645	0.8651	0.8657	0.8663	0.8669	0.8675	0.8681	0.8686
7.4	0.8692	0.8698	0.8704	0.8710	0.8716	0.8722	0.8727	0.8733	0.8739	0.8745
7.5	0.8751	0.8756	0.8762	0.8768	0.8774	0.8779	0.8785	0.8791	0.8797	0.8802
7.6	0.8808	0.8814	0.8820	0.8825	0.8831	0.8837	0.8842	0.8848	0.8854	0.8859
7.7	0.8865	0.8871	0.8876	0.8882	0.8887	0.8893	0.8899	0.8904	0.8910	0.8915
7.8	0.8921	0.8927	0.8932	0.8938	0.8943	0.8949	0.8954	0.8960	0.8965	0.8971
7.9	0.8976	0.8982	0.8987	0.8993	0.8998	0.9004	0.9009	0.9015	0.9020	0.9025
8.0	0.9031	0.9036	0.9042	0.9047	0.9053	0.9058	0.9063	0.9069	0.9074	0.9079
8.1	0.9085	0.9090	0.9096	0.9101	0.9106	0.9112	0.9117	0.9122	0.9128	0.9133
8.2	0.9138	0.9143	0.9149	0.9154	0.9159	0.9165	0.9170	0.9175	0.9180	0.9186
8.3	0.9191	0.9196	0.9201	0.9206	0.9212	0.9217	0.9222	0.9227	0.9232	0.9238
8.4	0.9243	0.9248	0.9253	0.9258	0.9263	0.9269	0.9274	0.9279	0.9284	0.9289
8.5	0.9294	0.9299	0.9304	0.9309	0.9315	0.9320	0.9325	0.9330	0.9335	0.9340
8.6	0.9345	0.9350	0.9355	0.9360	0.9365	0.9370	0.9375	0.9380	0.9385	0.9390
8.7	0.9395	0.9400	0.9405	0.9410	0.9415	0.9420	0.9425	0.9430	0.9435	0.9440
8.8	0.9445	0.9450	0.9455	0.9460	0.9465	0.9469	0.9474	0.9479	0.9484	0.9489
8.9	0.9494	0.9499	0.9504	0.9509	0.9513	0.9518	0.9523	0.9528	0.9533	0.9538
9.0	0.9542	0.9547	0.9552	0.9557	0.9562	0.9566	0.9571	0.9576	0.9581	0.9586
9.1	0.9590	0.9595	0.9600	0.9605	0.9609	0.9614	0.9619	0.9624	0.9628	0.9633
9.2	0.9638	0.9643	0.9647	0.9652	0.9657	0.9661	0.9666	0.9671	0.9675	0.9680
9.3	0.9685	0.9689	0.9694	0.9699	0.9703	0.9708	0.9713	0.9717	0.9722	0.9727
9.4	0.9731	0.9736	0.9741	0.9745	0.9750	0.9754	0.9759	0.9763	0.9768	0.9773
9.5	0.9777	0.9782	0.9786	0.9791	0.9795	0.9800	0.9805	0.9809	0.9814	0.9818
9.6	0.9823	0.9827	0.9832	0.9836	0.9841	0.9845	0.9850	0.9854	0.9859	0.9863
9.7	0.9868	0.9872	0.9877	0.9881	0.9886	0.9890	0.9894	0.9899	0.9903	0.9908
9.8	0.9912	0.9917	0.9921	0.9926	0.9930	0.9934	0.9939	0.9943	0.9948	0.9952
9.9	0.9956	0.9961	0.9965	0.9969	0.9974	0.9978	0.9983	0.9987	0.9991	0.9996

眠っていた数学脳がよみがえる！

ふたたびの微分・積分

永野裕之
Nagano Hiroyuki

すばる舎

はじめに──高校数学の頂(いただき)に立とう

　かのホーキング博士は自著『ホーキング、宇宙を語る』（早川書房刊）のなかで、一般書の出版では**「数式を一つ載せる毎(ごと)に、売れ行きは半減する」**と書いています。

　もちろん私も、世に「数式アレルギー」をお持ちの方が多いことはよく知っているつもりです。しかし、**本書では数式を用いることをあえて避けませんでした。**というより、むしろ数式をかなり積極的に使っています。なぜでしょうか？

　それは、**高校数学の頂(いただき)としての微分・積分の意味と意義をちゃんと分かってもらうためです。**

➤ 微分・積分が"使える"ようになるために

　微分・積分関連本のなかには「数式アレルギー」の方に配慮して、できるだけ数式を使わずにその概念を伝えようとする意欲的な本が少なくありません。このタイプの本はたいてい工夫が凝(こ)らされていて、私も感心することがよくあります。

　ただ一方で、そのような本を見るたびに、

　「微分・積分の魅力は伝わったのだろうか？」

と心配してしまうのも事実です（余計なお世話ですね！）。

　なぜなら、微分・積分の偉大さは実際に使ってみてはじめて分かるものだからです。数式抜きでその概念をイメージとして捉えたとしても、微分・積分が使える・・・ようにはならないでしょう。

　世界的指揮者の小澤征爾(おざわせいじ)さんは、かつて、

　「ド・ミ・ソの和音が綺麗に響くことを知識として知っている人と、実際にピアノでド・ミ・ソと弾いてみて『美しい！』と感じたことがある人

とではまるっきり違います」
とおっしゃっていましたが、これと同じことが微分・積分についても言えるのです。

微分・積分には計算技法としての側面が多分にあります。それは決して小手先のテクニックではなく、**人類が真実に到達するために獲得した尊い技術**です。技術は実際に使ってみなければその便利さや偉大さを実感することはできません。

本書が数式を避けなかったのは、読者の皆さんに技術としての微分・積分計算の実際をお見せして「おお凄い！」と感動してもらったり、「なるほど！」と膝を打ってもらったりするためです。もちろんそれは**「今度は自分でやってみよう」とするときの手本にもなる**と思います。

➤ 徹底的に「行間」を埋めた本

とは言え、数式をズラズラと書き連ねるだけなら本書を世に出す意味はありません。本文をパラパラとめくっていただければ分かってもらえると思いますが、**本書の数式変形はちょっと他書では類を見ないくらいに丁寧に書いています**。またその式変形の途中で使う公式や過去に習ったことは紙幅の許す限り、数式の周辺に書き添えました。本書においては式変形の途中で「何をやっているのか分からなくなった」と頓挫してしまうことはおそらくないだろうと思います。

もちろん数式だけでなく、文章でも読者の知的好奇心をくすぐる仕掛けはたくさん用意したつもりです。そこには数式変形に疲れた頭を休めるオアシス的な内容もあれば、**「言語」として数学を捉えるために数式の意味を考察する**内容もあります。

「微分・積分は高校数学の頂点だ」と言う人は多いですが、それは微分・積分が高校数学のなかで一番難しいからではありません。難しさで言えば、整数や集合、確率も決してひけをとらないと思います。

微分・積分が高校数学の頂点たる所以（ゆえん）は、微分・積分を理解するために

は、他の様々な単元の理解が必要だからです。微分・積分を学ぶと**それまでバラバラだった各単元がひとつに収斂されていく**のを感じることでしょう。私は高校時代、微分・積分を通じて「ああ、あの単元はこのために勉強したのか」という感慨を何度も抱きました。

　本書はそんな高校数学の頂上に登り詰めるために必要な関数（三角関数、指数関数、対数関数）や数列、極限などの各内容も端折らずに、原理原則から説明しています。そういう意味では山の中腹からではなく麓からナビゲートしているつもりです。

　数式変形にせよ、前提となる他の単元の内容にせよ、類書ではふつうは「行間」になってしまうところをできるだけ詳しく書きましたので、分かっている人からすれば、この本の記述は随分とダラダラとした冗長なものに感じられるでしょう。また、より専門的なお立場にある人からは数学的な厳密さに欠けるというご指摘もあるかと思います。

　いいんです。私は本書を、**むかし微分・積分を学んだことはあるもののてこずった記憶しかない（表面的にしか理解できなかった）方**、あるいは**文系だけれど「理系の」微分・積分に大いに興味を持っている方**のために書きました。そういう方たちにとって「行間」ができるだけ埋まっているほうがよいことを、そして学問的な厳密さはかえって理解の妨げになることを、長年の指導経験のなかで私は知っています。

　本書は高校数学の頂に登ろうとするあなたの、ときには先達となり、ときに杖となります。そして、ともに頂に立つことができたなら、そのとき本書の役目は終わります。でも、その後の心配はいりません。本書の読後、あなたはもう次なる頂を自力で登り始めるだけの力を付けているはずです。ハッと目を見張るようなエレガントな式変形、どこからも崩しようのない堅牢な数学の厳密性を楽しめるようにもなっているでしょう。自信を持って大学教養課程用の微分・積分の参考書に進んでください。

高校数学の頂は一歩一歩をちゃんと踏みしめれば必ず到達できるところにあります。あいにくロープウェイはありませんが、それだけに自分の足でその頂に立ったときの喜びはひとしおです。さあ、勇気を持って最初の一歩を！

本書のターゲット

- むかし、表面的に微分・積分を学んでしまった理系の人
- はじめて微分・積分を学ぶ意欲的な文系の人
- 学校で習った微分・積分がよく分からない高校生

本書の特色

- 高校数学の総括として、微分・積分の理解を完成させる
- 直感でも理解できるように図やグラフを多用
- 丁寧な式変形を通して数式計算の醍醐味が分かる
- 問題が解ける喜びを味わえる

目次

はじめに――高校数学の頂に立とう ……………………………………… 1

第1部 微分の巻

§01 まずは「関数とグラフ」のイロハから ……………………… 8
§02 変化を捉える第一歩――平均変化率 ………………………… 20
§03 「等差」数列の和、「等比」数列の和 ………………………… 28
§04 遙か彼方を見よ――数列の極限 ……………………………… 34
§05 「分母にゼロ」を攻略――関数の極限 ……………………… 42

ちょっとよこみち① ゼロで割ってはいけない理由 …………………… 48

§06 「微分係数」は接線の傾きのこと ……………………………… 52
§07 物理への応用①：瞬間の速度 ………………………………… 58
§08 順列・組み合わせと「二項定理」 …………………………… 64
§09 微分係数の公式を自力で導く！ ……………………………… 72
§10 変化を分析する――導関数と増減表 ………………………… 78
§11 外と！ 中と！――合成関数の微分 ………………………… 88
§12 数式変形で導く――積と商の微分 …………………………… 98
§13 一気に復習①：三角比と三角関数 …………………………… 106
§14 扇形で考える――三角関数の微分 …………………………… 126

ちょっとよこみち② 日本人は微積分に到達していたか？ …………… 136

§15 一気に復習②：累乗と指数関数 ……………………………… 140
§16 一気に復習③：対数と対数関数 ……………………………… 158
§17 対数関数と指数関数を、いざ微分！ ………………………… 174
§18 応用編①：関数の最大値と最小値 …………………………… 190
§19 応用編②：直線で近似する …………………………………… 202

第2部 積分の巻

- §20 積分とは？——微積分の基本定理 …………… 214
- §21 不定積分と定積分の公式を導く …………… 232
- §22 積分のテクニック——置換積分 …………… 246
- **ちょっとよこみち③** 記号の王様、ライプニッツ …………… 262
- §23 定積分の応用①：面積を求める …………… 266
- §24 定積分の応用②：体積を求める …………… 284
- §25 物理への応用②：微分方程式 …………… 296
- **ちょっとよこみち④** 天気予報があたらない理由 …………… 312

おわりに——この先に見えるもの …………… 316

前見返し　常用対数表

第 1 部
微分の巻

01 まずは「関数とグラフ」のイロハから

　これから「微分・積分とは何か？」ということを分かってもらうために山の頂（いただき）に向かって一歩ずつ歩を進めていきます。その〝登山口〟で、いきなり〝頂上からの景色〟を語るような話かもしれませんが、ネタバレ（あるいは誤解）覚悟で言わせてもらえば、**微分とは「分析」**であり、**積分とは「総合」です！**

　本書では、これを理解してもらうために、

平均変化率の極限 → 微分 → 微分の逆演算 → 積分 → 積分の意味

と展開していきます。

　「平均変化率」については次節で詳しく書きますが、微分を「発見」したニュートンやライプニッツが目指したものは、坂道を転がるボールの速度のように**刻一刻と変化していくものを詳しく分析する**ことでした。

　では、変化していくものを分析するとはどういうことでしょう？

　それは、ごく小さな変化を拡大して**「瞬間」を捉える**ことです！

とは言え、いきなりランダムに変化するものを分析しようとするのはハードルが高すぎます。そこで本書では変化のしかたに〝ある一定のルール〟があるもの、言い換えれば**1つの原因に対して結果が1通りに定まるもの**について、**その変化を微分で分析できるようになること**を目標にしたいと思います。

　この「1つの原因に対して結果が1通りに定まるもの」というのが、まさに「**関数**」です。

問 題

　次の関数 $f(x)$ のグラフを描きなさい。ただし $[x]$ は x を超えない最大の整数を表します。

$$f(x) = x[x] \quad (-2 \leq x < 2)$$

注）[ ]はガウス記号を呼ばれるものです。
　　詳しくは後ほど……

➤ 関数は「函数」

「関数」はそもそも「函数」という字を使っていたことをご存じでしょうか？「函」は「箱」という意味の漢字ですから「関数」＝「函数」というのは「箱の数」ということです。

これは、入力としてある値（例えば x）を「函」に入れると、出力としてある値（例えば y）が出てくるイメージからきた名前でしょう（下図）。

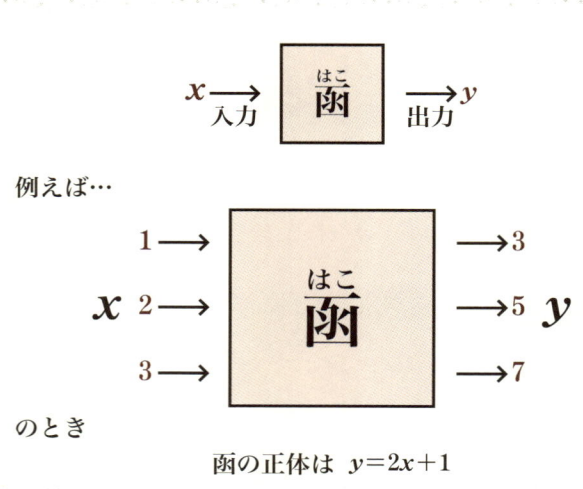

◇ 函数 or 関数？

「関数」の表記が一般的になったのは比較的最近のことです。1958年に当時の文部省が、なるべく当用漢字（現在は常用漢字）を使って学術用語の統一をはかろうと「学術用語集」を編纂したのが直接のきっかけになりました。学習指導要領で「関数」に一本化されたのは1969年以降です。今でも一部の数学者は好んで「函数」を使っています。

「y は x の関数である」とは英語では y is a $function$ of x と言いますが、少々長いので、数学ではこれを略して $y = f(x)$ と書きます。

y が x の関数であるためには、**x の値によって y の値が 1 通りに決まる、ということが重要です。** 同じ 100 円を入れているのに何が出てくるか分からない、いわゆる「ガチャガチャ」のような箱は出力がデタラメなので、函数の「函」としては不合格です。

また、たとえデタラメではなくても、出力が 1 通りに決まらないものは「関数」とは言えません（下記注参照）。

注）x と y が次のような関係にあるとき（実は円の方程式です）、
$$x^2 + y^2 = 5$$
y は x の関数であると言えるでしょうか？
例えば $x = 1$ を代入してみると
⇔　$1^2 + y^2 = 5$
⇔　$y^2 = 4$
⇔　$y = 2$ or -2
より、$y = 2$ と $y = -2$ の両方があり得るので y は 1 通りに決められませんね。すなわち、この式で表される y は x の関数であるとは言えません。

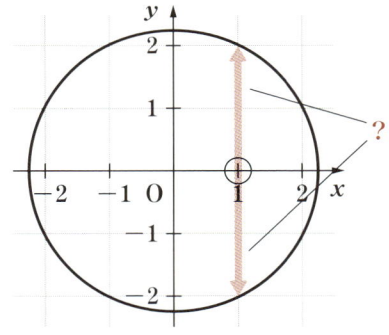

《詳しい人への補足説明》

「陰関数ではないのか？」と疑問に思う人もいるでしょう。このような式を陰関数として捉えるときには、普通ある点の近くだけを考えます。その場合は 1 つの x に対して y は 1 通りに決まると考えてもよいので「関数」と呼ぶことができるのです。

> **まとめ** 「関数」の意味
>
> y が x によって 1 通りに決まる数であるとき、
>
> 「y は x の関数である」
>
> と言って次のように表します。
>
> $$y = f(x)$$

➢ $y = f(x)$ のグラフ

　x が変化するのにともなって y が変化していく様子は**グラフ**を使えば一目瞭然です。中学校の数学では 1 次関数 $y = ax + b$ のグラフと基本的な 2 次関数 $y = ax^2$ のグラフについて学びました。それぞれ次のような形でしたね。

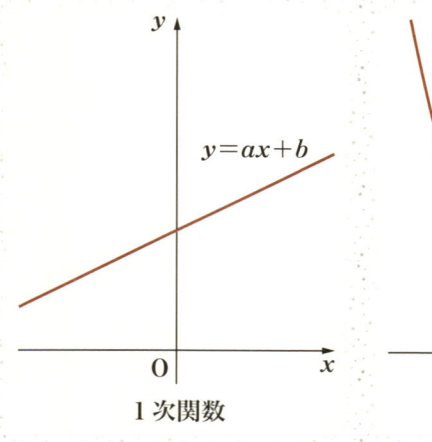
1 次関数

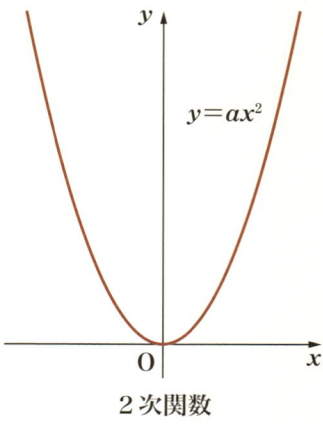
2 次関数

　注）$y = ax^2$ のグラフはいわゆる放物線と言われる形です。
　　　a の値（正確には a の絶対値）が大きくなると y は急激に大きくなるので、
　　　グラフ全体はよりスリムな形になります。

➤ 関数の理解＝グラフの理解

　高校数学で微分以前に学ぶ関数は、1次関数と2次関数の他には三角関数、指数関数、対数関数だけです（それぞれ後で詳述します）。全部で5種類しかありません。なぜなら、微分を使わずに変化の様子が（なんとか）分かる関数はこれくらいしかないからです。

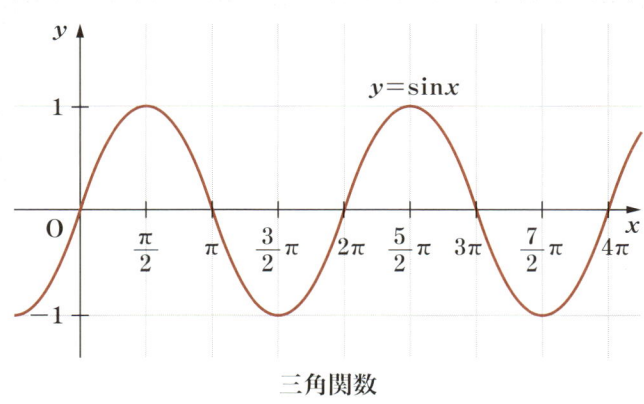

三角関数

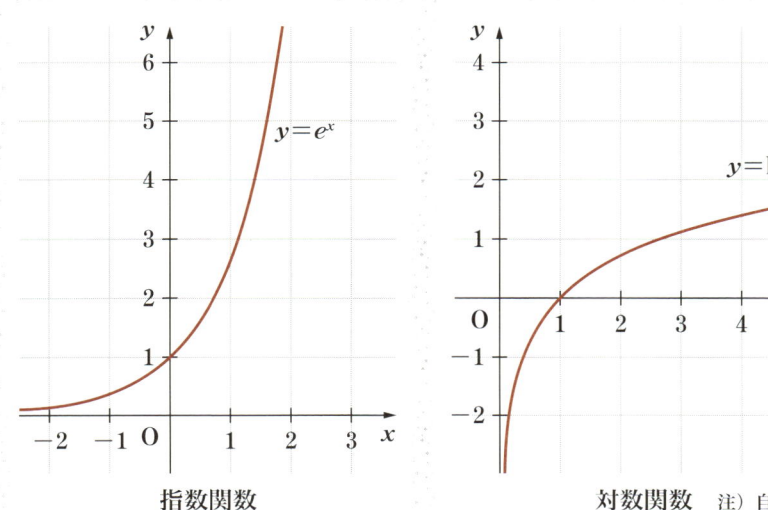

指数関数　　　　　　　　　　対数関数　注）自然対数

しかし微分を学べば複雑な関数についても分析ができるようになり、グラフが描けるようになります！　そして、ある関数のグラフが描けることは最大値や最小値も含めてその関数を理解することに他なりません。どうぞご期待ください！

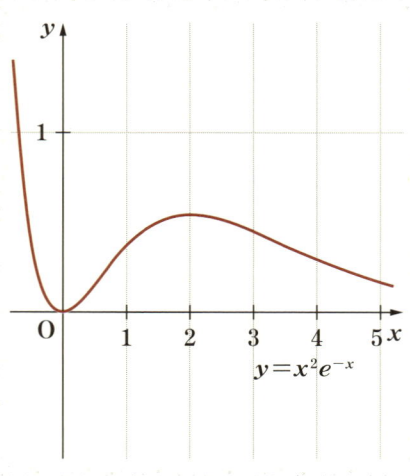

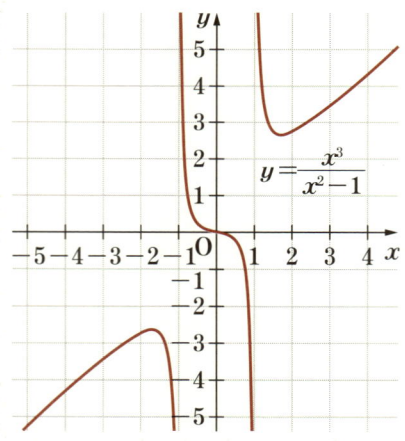

$y=f(x)$ のグラフとは、すなわち、その式に代入できる点（その式を満たす点）を集めたもの（集合）です。$y=f(x)$ の x に a という値を代入したときに得られる $(a, f(a))$ という点は必ず $y=f(x)$ のグラフ上にあります。当たり前と言えば当たり前ですが、大切なことなので強調させてください。

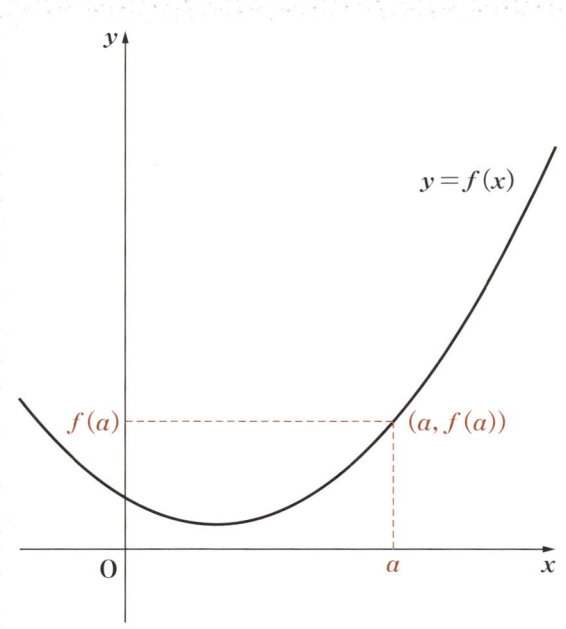

ここまでを踏まえて、冒頭の問題をもう一度見てみましょう。

問題は9ページ

　問題文に「$[x]$ は x を超えない最大の整数を表します」なんてありますが、[　] は**ガウス記号**と呼ばれる記号です。具体的にはこういうことです。

　　$[-0.5] = -1$（-0.5 を超えない最大の整数は -1）

　　$[0] = 0$（0 を超えない最大の整数は 0）

　　$[0.5] = 0$（0.5 を超えない最大の整数は 0）

　　$[1] = 1$（1 を超えない最大の整数は 1）

　ガウス記号をグラフにすると、こんな階段状のグラフになります。

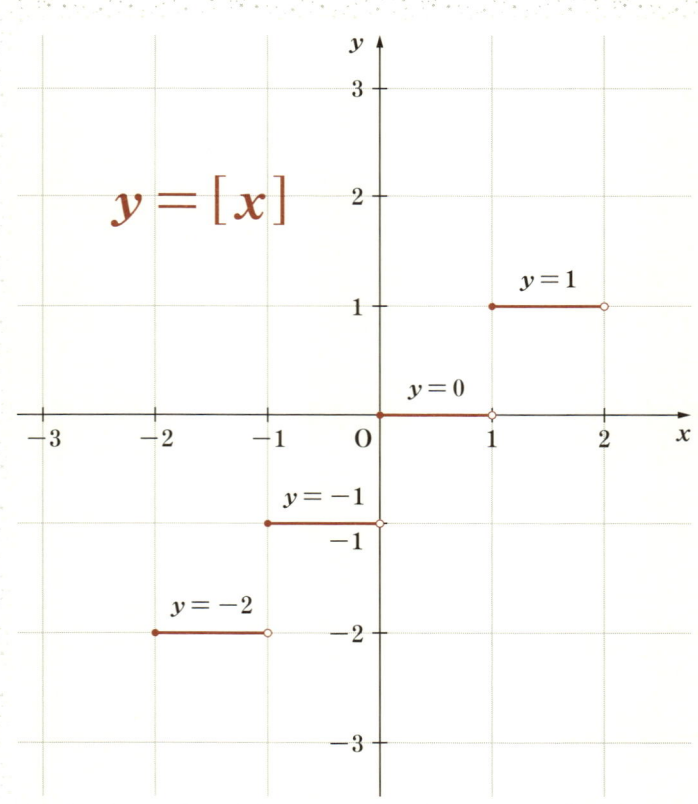

16

左のグラフを見ながら、それぞれの階段部を数式化してみましょう。

$$[x] = \begin{cases} -2 & (-2 \leqq x < -1) \\ -1 & (-1 \leqq x < 0) \\ 0 & (0 \leqq x < 1) \\ 1 & (1 \leqq x < 2) \end{cases}$$

×x 両辺に x を掛ける ×x

$$x[x] = \begin{cases} -2x & (-2 \leqq x < -1) \\ -x & (-1 \leqq x < 0) \\ 0 & (0 \leqq x < 1) \\ x & (1 \leqq x < 2) \end{cases}$$

グラフは次ページのようになります。整然とした階段状のグラフがバラバラにされてしまった感じです。

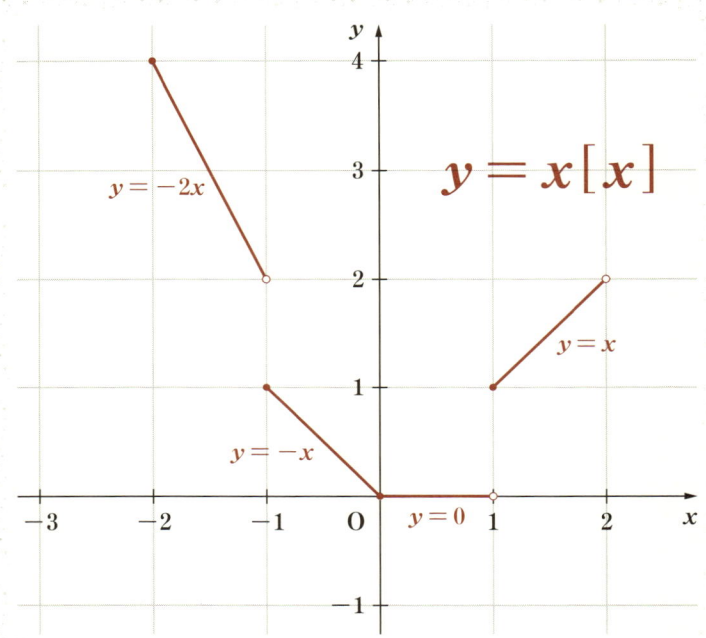

　この関数は、結局はいくつかの1次関数や定数（いずれも直線）に分解できるのでグラフを描くのに微分は必要ありませんでしたが、もっと複雑な関数ではこうはいきません。

微分をする目的は関数の変化を分析すること！ **微分ができればグラフが描けて、関数が理解できるよ。**

カール・フリードリヒ・ガウス
（1777－1855）

　カール・フリードリヒ・ガウスは、「人類史上、最も数学ができた人ベスト3」というランキングがあったらアルキメデス、ニュートンとともにランクインすることは間違いないほどの大天才です。近代数学のほぼすべての分野に影響を与えたと言われ、また物理学の分野でも多くの功績を残しています。

　幼い頃から才能を遺憾なく発揮したガウスの神童ぶりを表す逸話はたくさんありますが、以下の話は特に有名です。

　ガウスが10歳のときイジワルな学校の先生から1から100までの数字をすべて足しなさいという課題が出ました。他の生徒がウンウンうなって格闘するなか、ガウスは次のような方法で瞬時に答えを出してしまいました。

ガウス少年の考え方

$$
\begin{array}{rl}
S = & 1 + 2 + 3 + \cdots 98 + 99 + 100 \\
+)\ S = & 100 + 99 + 98 + \cdots 3 + 2 + 1 \\
\hline
2S = & 101 + 101 + 101 + \cdots 101 + 101 + 101 \\
= & 101 \times 100
\end{array}
$$

ゆえに　$S = 101 \times 50 = 5050$

　もちろん彼はこの方法をあらかじめ知っていたわけではありません。その場でとっさに考えついたそうです。ちなみに、この考え方を応用すれば「等差数列の和の公式」（P31）が導けます。教師はさぞ舌を巻いたことでしょうね……。

02 変化をとらえる第一歩──平均変化率

　これから数節に分けて、微分を（雰囲気だけでなく）しっかりと理解するための準備をしていきたいと思います。まずは「平均変化率」です！関数を分析しようとする人間が最初に「平均をとってみよう」と考えることは自然なことです。もちろん平均変化率では変化の様子についてだいたいのことしか分かりませんが、これが関数というものに挑んだ**人類の最初の大きな一歩**であったことは間違いありません。

問題

> 関数 $f(x) = 2x^2 + 1$ において x が a から b まで変化するときの平均変化率を求めなさい。

　「**変化率**」というのは、中学数学で習った「**変化の割合**」のことです。変化の割合の定義は何でしたっけ？　そうですね。こういうものでした。

$$変化の割合（変化率）= \frac{y の変化分}{x の変化分}$$

　例えば、$y = 2x + 1$ のとき、x が 1 から 3 まで変化したとすると、

x	1	→	3
y	3	→	7

であることから、

$$変化の割合（変化率）= \frac{7-3}{3-1} = \frac{4}{2} = 2$$

と計算できます。

ただし「変化の割合」という言い方は少し幼稚な感じ（？）がするので、今後は「変化率」に統一させていただきます。

次に、変化率がグラフ上では何を意味するかを見ておきましょう。下のグラフで A(1，3)、B(3，7) とすれば、「x の変化分」は AB を斜辺とする直角三角形の「よこ」の長さを表し、「y の変化分」は「たて」の長さを表していますね。つまり、**変化率は「傾き」を表します**。

$$変化率 = \frac{y の変化分}{x の変化分} = \frac{たて}{よこ} = 傾き$$

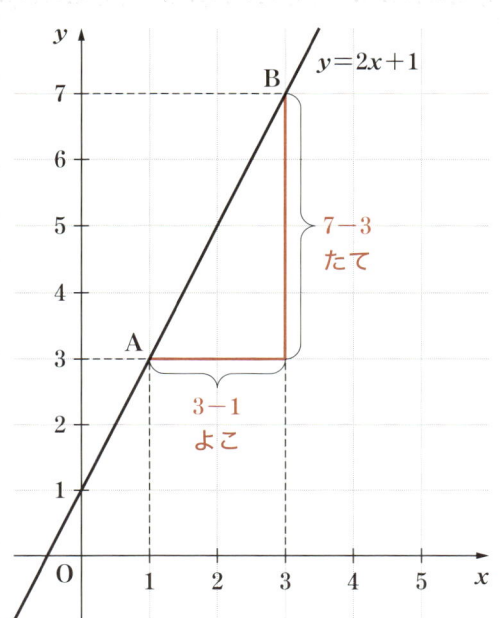

関数が 1 次関数のとき、グラフは直線になるのでグラフ上の 2 点を結ぶ線分 AB の「傾き」は常に一定です。しかし**直線ではないグラフ上の 2 点を結ぶ線分の傾きは一定にはなりません**。例えば、$y=f(x)$ のグラフが下のような曲線だとします。

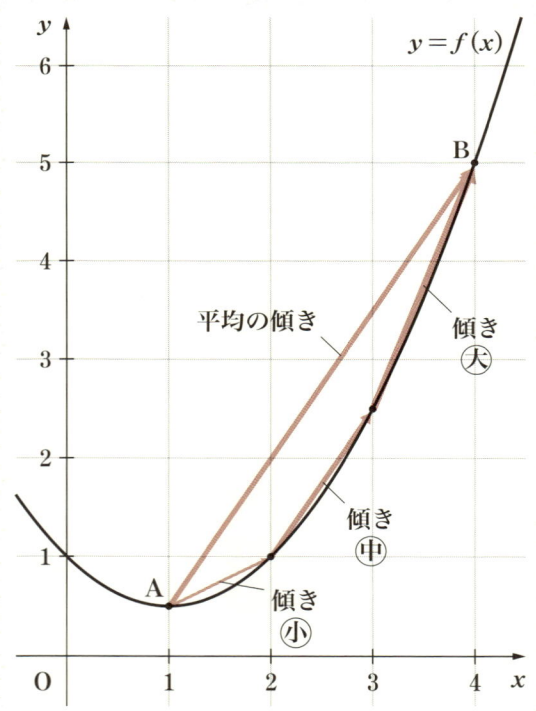

　x が 1 から 4 まで変化する間に「変化率」（＝「傾き」）は、最初は小さくその後だんだん大きくなりますが、そのことは気にせず思い切って A と B を直線で結びます。このときの **AB の傾き**を、刻々と変わる変化率を均したものという意味合いで、「平均」を付けて「**平均変化率**」と呼びます。

➤ 平均変化率の定義

一般化しておきましょう。

$y = f(x)$ のとき x が a から b まで変化すると y は $f(a)$ から $f(b)$ まで変化するので、平均変化率は次のように定義されます。

> 注）「**一般化**」や「**定義**」といった表現はいかにも教科書的なので、できればあまり使いたくないところですが、数学の話をきちんとしようとすると、やはり避けられない言葉です。これらの言葉の意味については、本節の最後（P25）にまとめました。

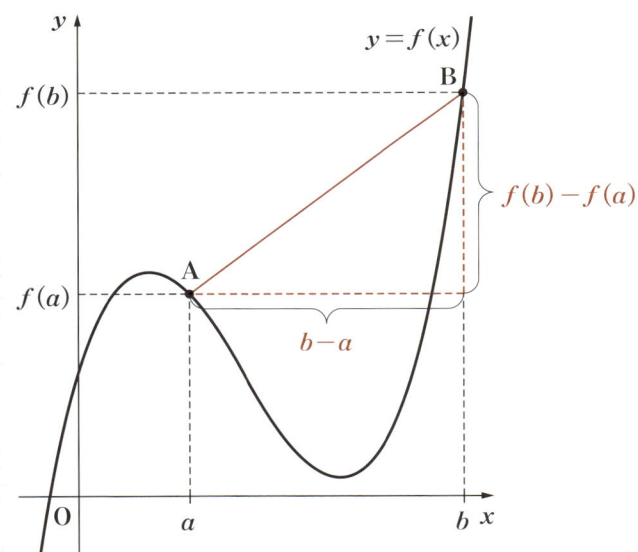

まとめ　平均変化率の定義

$y = f(x)$ において x が a から b まで変化するとき、

$$\text{平均変化率} = \frac{f(b) - f(a)}{b - a} = \text{傾き}$$

平均変化率は $y=f(x)$ のグラフ上で A$(a, f(a))$、B$(b, f(b))$ を結ぶ線分の傾きを表していることに注意しましょう。

 問題は 20 ページ

ここまで準備をしておけば、問題は簡単ですね！
$f(x)=2x^2+1$ なので、

$$\begin{aligned}
\text{平均変化率} &= \frac{f(b)-f(a)}{b-a} \\
&= \frac{(2b^2+1)-(2a^2+1)}{b-a} \\
&= \frac{2b^2-2a^2}{b-a} \\
&= \frac{2(b+a)(b-a)}{b-a} \\
&= 2(b+a)
\end{aligned}$$

$2(b^2-a^2)$
$=2(b+a)(b-a)$

まだまだ序の口だね♪ でも、**平均変化率の理解は「微分」を理解する鍵になるぞ！** 曖昧だった人はここでしっかり確認しておこう。

➤ 定義と定理と公理を「定義」します！

　数学では言葉を非常に厳密に扱います。そのため数学的に何かを語ろうとすれば、必ず最初に「**定義**」が必要になります。新約聖書の書き出し——「はじめに言(ロゴス)ありき」——にならえば、数学は「はじめに定義ありき」なのです……。

　定義（define） とは、言葉の意味や用法を明確に定めることを言います。例えば、円の定義は、

　　　「平面上のある点（中心）からの距離が等しい点の集合」

となります。

　定理（thorem） とは、正しいことが証明された事柄のうち、特に重要なもののことです。例えば、

　　　「1つの弧に対する中心角の大きさは円周角の2倍になる」

は「円周角の定理」と呼ばれる「定理」です。

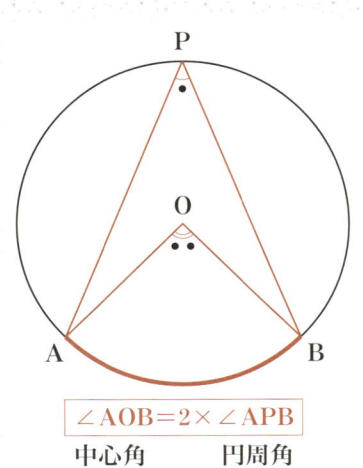

$\angle \mathrm{AOB} = 2 \times \angle \mathrm{APB}$

中心角　　円周角

定理とよく似た言葉に「公理」というのがあります。**公理（axiom）とは物事を議論する際にその出発点になる前提**のことを言います。公理には他のことを使って証明できないことのうち、明らかに真であるものが採用されるのが普通です。

　紀元前3世紀に活躍した数学者のユークリッドは『原論』という著作のなかで、

　　「同じものと等しいものは、互いに等しい」
　　「全体は部分よりも大きい」
　　「すべての直角は互いに等しい」

などのいかにも当たり前な感じがする公理を計10個示しました。余談ですが、『原論』は20世紀初頭までなんと2000年以上も世界中で（特に幾何学の）教科書として使われ続けたほどの名著です。

➤ 一般化と文字式

　中学で数学を学び始めると最初に習うのは「負の数」ですが、その次の単元が何であったか憶えていますか？「**文字式**」です。数式に文字を使うことを数学の入り口で学ぶのはたまたまではありません。それが数学の目的に深く関わっているからです。

　例を出しましょう。今ここに、

$$1,\ 3,\ 7,\ 15,\ 31,\ 63,\ 127,\ 255\cdots$$

と続く数の列があります。これらの数には"ある共通の性質"があるのですが、何だか分かりますか？（それぞれに1を足すと分かるかも。2, 4, 8, 16, …）

　実はこれらの数はすべて

$$2^n - 1$$

と表される数です。

確かめてみましょう。

$n=1$ のとき $\Rightarrow$ $2^1-1=2-1=1$
$n=2$ のとき $\Rightarrow$ $2^2-1=4-1=3$
$n=3$ のとき $\Rightarrow$ $2^3-1=8-1=\mathbf{7}$
$n=4$ のとき $\Rightarrow$ $2^4-1=16-1=\mathbf{15}$
$n=5$ のとき $\Rightarrow$ $2^5-1=32-1=\mathbf{31}$
$n=6$ のとき $\Rightarrow$ $2^6-1=64-1=\mathbf{63}$
$n=7$ のとき $\Rightarrow$ $2^7-1=128-1=\mathbf{127}$
$n=8$ のとき $\Rightarrow$ $2^8-1=256-1=\mathbf{255}$

確かにすべて「2^n-1」の形をしていますね。

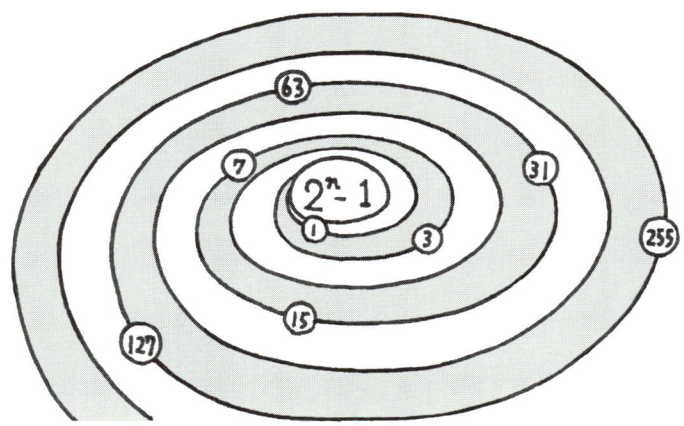

「隠れた性質をあぶり出し本質を見抜く」というのは数学の大きな目的の1つですが、上に列挙した数字の本質はまさに「2^n-1」に他なりません。

このように**具体例のすべてに共通する性質を抜き出して表現すること**を**一般化（generalize）**と言います。

数字の代わりに文字を使うと具体性は損なわれてしまいますが、代わりに本質が見えてきます。**本質を追い求める数学はいつでも文字式による一般化を目指している**と言っても過言ではありません。

03 「等差」数列の和、「等比」数列の和

　微分・積分の対象となるのはいつも関数なので、ここまでは軽いウォーミングアップとして関数についてのおさらいをしてきました。ここからは「極限」を理解するための準備をします。

　微分・積分の世界につながる扉があるとしたら、その扉を開ける鍵が「極限」です。逆に言えば、**「極限」を理解することなしに微分・積分を本当に理解することはできません**。では、極限の理解とは何でしょうか？

　それはすなわち、**∞（無限大）の理解**です。

　無限大を宗教や哲学ではなく、数学としてきちんと捉えることが私たちの当面の目標になります。まずはイメージを膨らませましょう。「無限大」とは文字どおり「限り無く大きい」ということですが、これを最もイメージしやすいのはおそらく、

$$1,\ 2,\ 3,\ 4,\ 5,\ 6,\ 7,\ 8,\ 9,\ 10,\ 11,\ \cdots\cdots$$

と永遠に続いていく数の行方を考えることだと思います。

　このように数を1列に並べたものを「**数列（sequence）**」と言います。ここでは数列のうち最も基本となる**等差数列**と**等比数列**について、その一般項と和を確認しておきましょう。

> 注）「一般項」は数列の n 番目の数である a_n を n の式で表したものです。一般項が求まれば、n に具体的な数字を入れることで10番目の数も100番目の数も求めることができます。

　本節で数列の確認ができたら、次節では数列の極限に、そして次々節では関数の極限に挑んでいきます！

問題

数列 $\{a_n\}$ の一般項が

$$a_n = 2^n - 3n$$

のとき、初項から第 n 項までの和

$$S_n = a_1 + a_2 + a_3 + \cdots\cdots + a_n$$

を求めなさい。

まずは「等差数列」から。

今、$a_1 \sim a_5$ の数が等間隔 d で 1 列に並んでいるとします。

$$\begin{array}{ccccc} & +d & +d & +d & +d \\ a_1 & a_2 & a_3 & a_4 & a_5 \end{array}$$

このように前の数（「**項**」と言います）との差が一定である数列のことを「**等差数列**」と言います。例えば、等差数列の 5 番目の項 a_5 は、a_1 に d を 4 つ足した値になりますから、

$$a_5 = a_1 + 4d$$

となることは明らかです。では、もしこの数列に先があったとしたら a_{10} はどうなるでしょう？ 今度は a_1 に d を 9 つ足せばいいはずですから、

$$a_{10} = a_1 + 9d$$

です。同様に考えて等差数列を一般化すると（ちなみに a_1 のことを「**初項**」、d のことを「**公差**」と言います）次ページのようになります。

注) d は「公差」を表す "*common difference*" に由来しています。

> [!NOTE]
> **まとめ** 等差数列の一般項
>
> $$a_n = a_1 + (n-1)d$$
>
> （ただし、a_1：初項、d：公差）

➤ 等差数列の和を図形で考える

次に等差数列 $a_1 \sim a_5$ の和 S_5 を考えます。

$$S_5 = a_1 + a_2 + a_3 + a_4 + a_5$$

注）S は "sum（和）" の頭文字です。

たった 5 つの数の足し算ですから普通に足しあわせても S_5 を求めることはできますが、ここでは図形的に計算してみましょう。

幅が 1 の長方形を考えれば S_5 は下のような階段状の図形の面積に等しくなります。

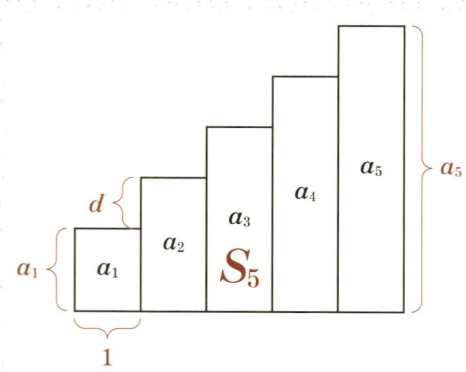

このような図形を 2 つ用意して上下逆さに重ねると、幅が 5 で高さが $a_1 + a_5$ の長方形が出来上がります。この長方形の面積は $2S_5$ ですから

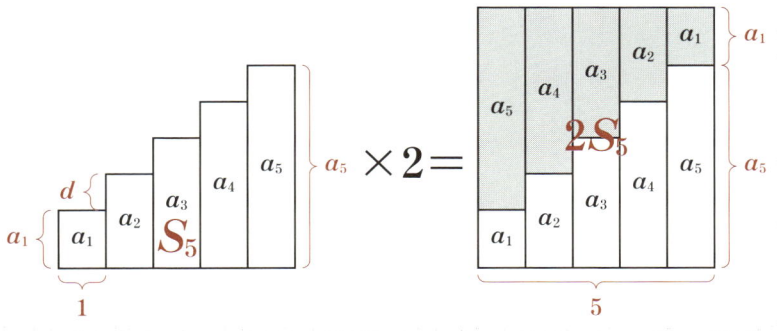

$$2S_5 = 5 \times (a_1 + a_5)$$

つまり、両辺を2で割って

$$S_5 = \frac{5(a_1 + a_5)}{2}$$

となります。同様に考えれば、

$$S_n = a_1 + a_2 + \cdots\cdots + a_{n-1} + a_n$$

は、

$$2S_n = n(a_1 + a_n)$$

と考えることができるので、両辺を2で割れば次の式が得られます。

まとめ　等差数列の和

$$S_n = \frac{n(a_1 + a_n)}{2} \quad \left[\frac{項数 \times (初項 + 末項)}{2}\right]$$

注)「末項」というのは最後の項という意味で、S_5 の場合は「a_5」になります。

次は「等比数列」です。

こんどは、a_1〜a_5 の数が次のように並んでいるとします。

$$\underset{a_1}{} \xrightarrow{\times r} \underset{a_2}{} \xrightarrow{\times r} \underset{a_3}{} \xrightarrow{\times r} \underset{a_4}{} \xrightarrow{\times r} \underset{a_5}{}$$

このように前の項に一定の数を掛けた数列のことを「**等比数列**」と言います。a_5 は a_1 に r を 4 回掛けた値（r の 4 乗）になりますから、

$$a_5 = a_1 r^4$$

です。等比数列の一般項は次のとおり（r を「**公比**」と言います）。

注）r は「公比」を表す "common ratio" に由来しています。

まとめ　等比数列の一般項

$$\boldsymbol{a_n = a_1 r^{n-1}}$$

（ただし、$\boldsymbol{a_1}$：初項、$\boldsymbol{r}$：公比）

➤ 等比数列の和は筆算で考える

$$S_n = a_1 + a_1 r + a_1 r^2 + \cdots\cdots + a_1 r^{n-2} + a_1 r^{n-1} \quad (r \neq 1)$$

は全体を r 倍したものを引き算すれば求められます。

$$\begin{array}{rl}
S_n = & a_1 + a_1 r + a_1 r^2 + \cdots\cdots + a_1 r^{n-2} + a_1 r^{n-1} \\
-)\ rS_n = & a_1 r + a_1 r^2 + + a_1 r^{n-2} + a_1 r^{n-1} + a_1 r^n \\
\hline
S_n - rS_n = & a_1 \phantom{+ a_1 r + a_1 r^2 + \cdots\cdots + a_1 r^{n-2} + a_1 r^{n-1}} - a_1 r^n
\end{array}$$

これより、

$$(1-r)S_n = a_1 - a_1 r^n = a_1(1 - r^n)$$

$r \neq 1$ なので両辺を $(1-r)$ で割って次ページの「まとめ」の式を得ます！（$r = 1$ だと $1 - r = 0$ となり、両辺を $(1-r)$ で割れません）

> **まとめ** 等比数列の和
>
> $$S_n = \frac{a_1(1-r^n)}{1-r} \quad (\text{ただし、} r \neq 1) \quad \left[\frac{\text{初項}(1-\text{公比}^{\text{項数}})}{1-\text{公比}}\right]$$

さあ、準備は整いました。冒頭の問題の解答です。

解答

問題は 29 ページ

$$a_n = 2^n - 3n$$

なので、

$$\begin{aligned}
S_n &= a_1 + a_2 + a_3 + \cdots\cdots + a_n \\
&= (2^1 - 3\cdot 1) + (2^2 - 3\cdot 2) + (2^3 - 3\cdot 3) + \cdots\cdots + (2^n - 3n) \\
&= (2^1 + 2^2 + 2^3 + \cdots\cdots + 2^n) - 3(1 + 2 + 3 \cdots\cdots + n)
\end{aligned}$$

$\left[\begin{array}{l}\text{初項 2, 公比 2, 項数 } n \text{ の} \\ \text{等比数列の和}\end{array}\right]$ $\left[\begin{array}{l}\text{初項 1, 公差 1, 項数 } n \text{ の} \\ \text{等差数列の和}\end{array}\right]$

前半は等比数列の和、後半は等差数列の和になっているので、

$$\begin{aligned}
S_n &= \frac{2(1-2^n)}{1-2} - 3 \cdot \frac{n(1+n)}{2} \\
&= \frac{2 - 2^{n+1}}{-1} - \frac{3n + 3n^2}{2} = -2 + 2^{n+1} - \frac{3}{2}n - \frac{3}{2}n^2 \\
&= 2^{n+1} - \frac{3}{2}n^2 - \frac{3}{2}n - 2
\end{aligned}$$

> 特に等比数列の和の公式は忘れがちだから気をつけよう。結果を暗記するのではなく、**いつでも自分で導けるようにしておくことが大切だよ。**

04 遙か彼方を見よ──数列の極限

数列の基礎が分かったところで、いよいよ**数列の極限**についてお話しします。「極限」は遙かなるものを見るための「目」でもあります。

> **問題**
>
> 次の循環小数を既約分数で表しなさい。
>
> $$0.\dot{3}\dot{6} = 0.36363636\cdots\cdots$$
>
> [小樽商科大学]

注）既約分数というのは、約分が終わっている分数という意味です。
すなわち $\dfrac{3}{2}$ は既約分数ですが、$\dfrac{6}{4}$ は既約分数ではありません。

➤ 数列の遙か彼方に見えるもの

今、一般項が

$$a_n = 2 - \frac{1}{2^n}$$

で表される数列を考えます。試しに n にいくつか具体的な数字を入れて計算してみましょう。

$(n=3)$　$a_3 = 2 - \dfrac{1}{2^3} = 2 - \dfrac{1}{8} = 1.875$

$(n=5)$　$a_5 = 2 - \dfrac{1}{2^5} = 2 - \dfrac{1}{32} = 1.96875$

$(n=10)$　$a_{10} = 2 - \dfrac{1}{2^{10}} = 2 - \dfrac{1}{1024} = 1.9990234375$

$(n=15)$　$a_{15} = 2 - \dfrac{1}{2^{15}} = 2 - \dfrac{1}{32768} = 1.99996948242$

$(n=20)$　$a_{20} = 2 - \dfrac{1}{2^{20}} = 2 - \dfrac{1}{1048576} = 1.99999904633$

$(n=30)$　$a_{30} = 2 - \dfrac{1}{2^{30}} = 2 - \dfrac{1}{1073741824} = 1.99999999907$

これくらいでいいでしょう。ちなみに a_n をグラフにすると下のようになります。いずれにしても n を大きくしていくと、a_n の値は「2」に近づいていくようです。

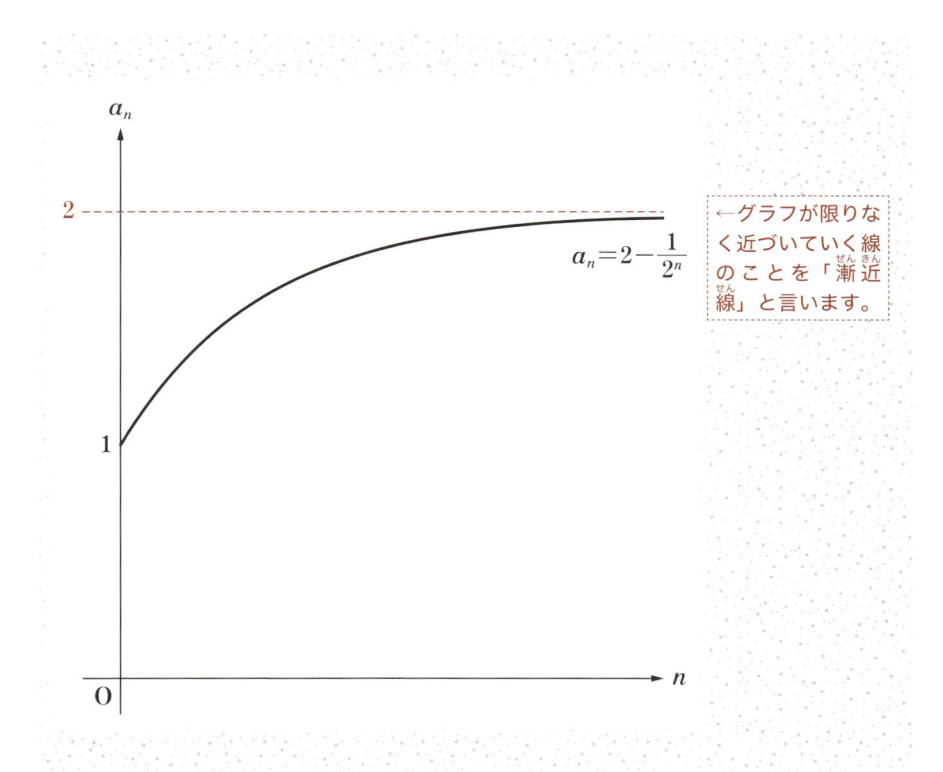

←グラフが限りなく近づいていく線のことを「漸近線」と言います。

$$a_n = 2 - \frac{1}{2^n}$$

において n が大きくなると $\frac{1}{2^n}$ はどんどん 0 に近づきますから当たり前と言えば当たり前です。ただし、**どんなに n を大きくしても $\frac{1}{2^n}$ が完全に 0 になることはありません**。つまり、十分大きな n に対して

$$a_n \fallingdotseq 2$$

ではありますが、「$a_n = 2$」と書くわけにはいかないのです。これってなんだかまどろっこしい感じがしませんか？
　n を十分大きくしていけば a_n が「2」に近づくことは分かっているのに、式の上では「だいたい 2」としか表現できないのは何とも歯がゆいです。そこで**新しい表現方法を導入**します。いよいよ「極限」の登場です！

まとめ　数列の極限

　「n を限りなく大きくしていくと、数列 $\{a_n\}$ がある定数 p に近づいていく」ということを

$$\lim_{n \to \infty} a_n = p$$

と表現する。

　この表現を使えば、

$$a_n = 2 - \frac{1}{2^n}$$

のとき、

$$\lim_{n \to \infty} a_n = 2$$

と書くことができます！ あースッキリしましたね！

➤「＝」か「≒」か？

とは言え、読者のなかには「いやいや、全然スッキリしないよ！ a_n は『2』に近づくだけで、完全に『2』になることはないのだから、やっぱり『≒』を使って書くべきでしょう」という感想を持つ人は多いと思います。お気持ちはよく分かります。

ここで注意すべきは、**極限の表現における「＝」はこれまで慣れ親しんできた「$2 \times 3 = 6$」の「＝」とは意味が違う**ということです。「$\lim_{n \to \infty} a_n = p$」という表現は**全体で**「$n$ を限りなく大きくしていくと a_n は限りなく p に近づく」という意味であると理解してください。

極限の表現における「＝」は（そこに実際に到達するかどうかはさておき）あくまで「ゴール」の存在を示しているにすぎません。この「ゴール」は喩えるなら山登りで目指す山頂のようなものです。山を登る人が目指す場所（ゴール）は、実際にそこに立てるかどうかにかかわらず、はっきりと定まっていますね。「$\lim_{n \to \infty} a_n = p$」という表現はまさにそういう明確に定まった「ゴール」を表すためのものなのです。

前述の例にあげた a_n の場合、a_n が限りなく近づいていく「ゴール」は 1.99 でも 1.9999 でも 1.9999……9 でもなく、「2」ですから、やはり「$\lim_{n \to \infty} a_n = 2$」の「＝」は「≒」ではなく「＝」でなくてはなりません。

なお「lim」があるかどうかで「＝」の意味は変わってくるので、極限を表すときに横着をして「$n = \infty$ のとき $a_\infty = 2$」というふうに書いてしまうのは乱暴で正確さを欠く非数学的な表現です。

解答

問題は 34 ページ

この問題は数Ⅰ的に解くこともできます（後述）が、ここでは前節で学んだ「等比数列の和」と今節の「極限」を使って解いていきましょう。

循環小数というのは、例えば

$$0.\dot{3}\dot{6} = 0.36363636\cdots\cdots$$

のように同じ数字を無限に繰り返す数のことです。これを次のように「分解」します。

$$\begin{aligned}
0.\dot{3}\dot{6} &= 0.36363636\cdots\cdots \\
&= 0.36 + 0.0036 + 0.000036 + 0.00000036\cdots\cdots \\
&= 36(0.01 + 0.0001 + 0.000001 + 0.00000001 + \cdots\cdots) \\
&= 36\left\{\frac{1}{100} + \left(\frac{1}{100}\right)^2 + \left(\frac{1}{100}\right)^3 + \left(\frac{1}{100}\right)^4 \cdots\cdots\right\}
\end{aligned}$$

今、

$$S_n = \frac{1}{100} + \left(\frac{1}{100}\right)^2 + \left(\frac{1}{100}\right)^3 + \left(\frac{1}{100}\right)^4 + \cdots\cdots + \left(\frac{1}{100}\right)^{n-1}$$

とすると、{ } の中はこれを $n \to \infty$ としたものになっていますから、極限の表現を使えば、

$$\lim_{n \to \infty} S_n = \left\{ \frac{1}{100} + \left(\frac{1}{100}\right)^2 + \left(\frac{1}{100}\right)^3 + \left(\frac{1}{100}\right)^4 + \cdots \right\}$$

ですね。

S_n は初項が $\frac{1}{100}$ で公比も $\frac{1}{100}$ の等比数列の第 n 項までの和になっていますから、前節で学んだ等比数列の和の式（P33）を使えば、

$\boxed{S_n = \frac{a_1(1-r^n)}{1-r}}$ $\quad S_n = \dfrac{\frac{1}{100}\left\{1-\left(\frac{1}{100}\right)^n\right\}}{1-\frac{1}{100}}$ $\quad$ …①

です。

ここで、

$$\lim_{n \to \infty} \left(\frac{1}{100}\right)^n = 0 \qquad \cdots ②$$

は明らか。よって、

$$\lim_{n \to \infty} S_n = \lim_{n \to \infty} \dfrac{\frac{1}{100}\left\{1-\left(\frac{1}{100}\right)^n\right\}}{1-\frac{1}{100}} \quad \text{①より}$$

$$= \dfrac{\frac{1}{100}(1-0)}{1-\frac{1}{100}} \quad \text{②より}$$

$$= \frac{1}{100} \div \frac{99}{100}$$

$$= \frac{1}{100} \times \frac{100}{99}$$

$$= \frac{1}{99} \quad \cdots ③$$

よって、

$$0.\dot{3}\dot{6} = 36\left\{\frac{1}{100} + \left(\frac{1}{100}\right)^2 + \left(\frac{1}{100}\right)^3 + \left(\frac{1}{100}\right)^4 + \cdots\cdots\right\}$$

$$= 36 \times \lim_{n \to \infty} S_n$$

③より

$$= 36 \times \frac{1}{99}$$

$$= \frac{4}{11}$$

➤（おまけ）数Ⅰ的な解き方

$$x = 0.\dot{3}\dot{6} = 0.36363636\cdots\cdots$$

とします。ここで両辺を 100 倍すると、小数点以下同じように「36」が続く循環小数として

$$100x = 36.36363636\cdots\cdots$$

ができます。そして「$100x - x$」をつくると、

$$\begin{array}{r}
100x = 36.36363636\cdots\cdots \\
-)\quad x = 0.36363636\cdots\cdots \\
\hline
99x = 36
\end{array}$$

$$x = \frac{36}{99}$$

$$= \frac{4}{11}$$

「なんだ！こっちのほうがウンと簡単じゃないか！」
というお叱りの声が聞こえてきそうですね。

この数Ⅰ的な解法は、Aという捉えづらいものがあるとき、同じような性質を持つBを用意して、**引き算**という「**相対化**」を行えば（B－Aをつくれば）Aがうんと捉えやすくなる好例です。しかし、無限に続く「……」についての考察を一切行っていないという点で、少し気持ち悪い（私だけ？）わけです。

一方、先ほどの等比数列の和の極限を使った解答は「……」から逃げずに、**しっかり「無限」と正面から向きあっている**点で潔いと私は思います。

また、全然違う道筋でも同じ結論に達するというのは**論理的であることの醍醐味のひとつ**です。

いずれにしても、遙かなるものを見ること（極限）と微かなものを見ること（微分）は密接につながっています。乞うご期待！

> 極限は（到達できなくても）**確かに見えているゴールを表すためのもの**であり、それ以上でもそれ以下でもないよ。

05 「分母にゼロ」を攻略──関数の極限

この節ではついに関数の極限を扱います。

前節では数列 a_n の n を限りなく大きくしたときの極限を考えました。本節では関数 $y = f(x)$ の x をある値に限りなく近づけたときの極限を考えます。それには自然数の極限についての理解を実数全体に応用することが必要ですが、前節で数列の極限がイメージできた人には大きな混乱はないと思います！

ここでも**極限は遥か彼方にあるけれど確かに見えているゴールを表します**。

問題

次の極限値を求めなさい。

$$\lim_{x \to 1} \frac{\sqrt{x+3}-2}{x-1}$$

関数の極限についてイメージを膨らませるために、簡単な関数から始めましょう。今、

$$f(x) = \frac{1}{x}$$

とします。$y = f(x)$ のグラフは反比例のグラフでこんな形でしたね。

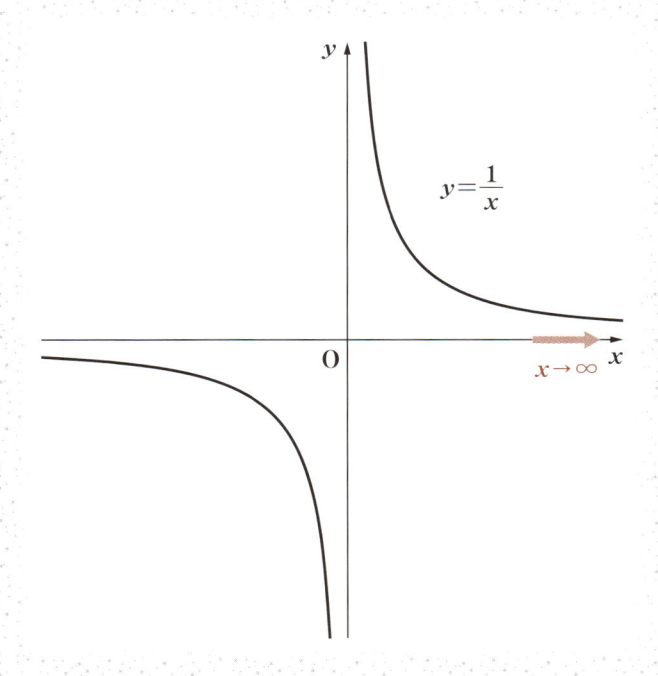

グラフ: $y = \dfrac{1}{x}$、$x \to \infty$

　このグラフは決して x 軸に交わることはありませんが、x を大きくすればするほど、グラフが x 軸（すなわち $y=0$）に近づくことは明らかです。すなわち x を限りなく大きくすると、$\dfrac{1}{x}$ は（確かに）限りなく 0 に近づいていきます。このことは極限を使えば、

$$\lim_{x \to \infty} \frac{1}{x} = 0$$

と書くことができます。

➤ 極限を使って「存在しない値」を計算する

　ところで極限というのは「$n \to \infty$」とか「$x \to \infty$」とか限りなく大きくするときにしか使えないのでしょうか？　そんなことはありません。

例えば、

$$f(x) = \frac{x^2 - 3x + 2}{x - 2}$$

という関数があるとします。この関数の x には 2 を代入することはできません。なぜなら分母が 0 になってしまうからです（数学では 0 で割ることは許されていません→詳しくは P48 参照）。つまり、この関数では x に 2 を代入した $f(2)$ という値は存在しないはずです。

でも、分子を因数分解すれば、

$$x^2 + (a+b)x + ab = (x+a)(x+b)$$

$$f(x) = \frac{x^2 - 3x + 2}{x - 2} = \frac{(x-2)(x-1)}{x-2} = x - 1$$

と変形できます。一番右の式 $(x-1)$ は分数ではないので、x に 2 を代入しても不都合はなさそうですし、実際に「$2 - 1 = 1$」と値を計算することもできてしまいます。しかし、存在しない値が計算できる!?

どういうことでしょう？

「**存在しない値を計算する**」……こんなときこそ極限の出番です。x にいろいろな値を入れながら計算すると、$x = 2$ 以外では $f(x)$ と $x - 1$ は完全に一致します。約分すれば $f(x) = x - 1$ なのですから当たり前ですね。

$$f(x) = \frac{x^2 - 3x + 2}{x - 2} \text{ のとき}$$

x	0	1	1.5	1.75	1.9	1.99	2	2.01	2.1	2.25	2.5	3
$f(x)$	-1	0	0.5	0.75	0.9	0.99		1.01	1.1	1.25	1.5	2
$x-1$	-1	0	0.5	0.75	0.9	0.99	1	1.01	1.1	1.25	1.5	2

つまり、$y = f(x)$ のグラフは $y = x - 1$ のグラフから $(2, 1)$ の点だけを抜いたものになります。

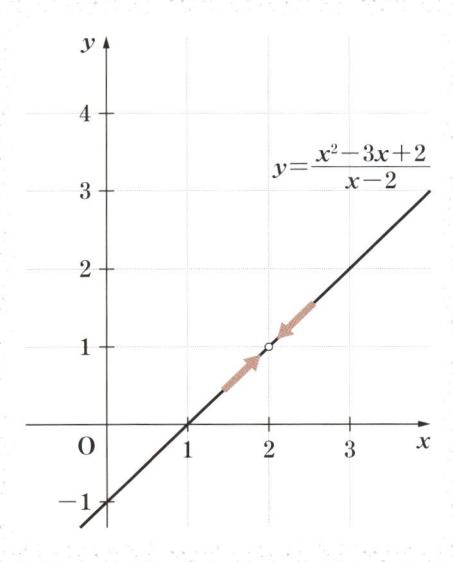

グラフから、x を限りなく 2 に近づけていくと $y=f(x)$ が限りなく 1 に近づくことは明らかです。出ました！「1」は、到達はできないものの、$f(x)$ の「**確かに見えているゴール**」ですね。こんなときは

$$\lim_{x \to 2}\frac{x^2-3x+2}{x-2}=1$$

と書くことができます！

> **まとめ** 関数の極限
>
> 「x を a に限りなく近づけると、関数 $f(x)$ の値が限りなく p に近づく」ということを
>
> $$\lim_{x \to a} f(x) = p$$
>
> と表現する。

> **極限値計算の具体的な方法**

　関数の極限値では、この先の**「微分係数」**（次節）や**「導関数」**（第 10 節）につながるという点で、いわゆる「$\frac{0}{0}$ 型」が特に重要です。もちろんこれは「0 を 0 で割る」という意味ではありません。「$\frac{0}{0}$ 型」というのは、x をある値に限りなく近づけていくと分母も分子も限りなく 0 に近づくケースです。先ほどの $f(x)$ もこれでした。

　「$\frac{0}{0}$ 型」の極限値を求めるときの具体的な手続きは、次のとおりです。

まとめ　$\frac{0}{0}$ 型の極限の求め方

（ⅰ）分母を 0 にする要因を取り除く（多くは約分）
（ⅱ）近づく値を代入する

　分母をゼロにする要因を分母から消去（多くは約分で消去）できれば、その後は堂々と（？）x が近づく値を直接代入して構いません。先ほどの $f(x)$ を例に取るとこうです。

$$\begin{aligned}
\lim_{x \to 2} f(x) &= \lim_{x \to 2} \frac{x^2 - 3x + 2}{x - 2} \quad \text{分子を因数分解} \\
&= \lim_{x \to 2} \frac{\cancel{(x-2)}(x-1)}{\cancel{x-2}} \quad \text{分母を 0 にする要因 }(x-2)\text{ を消去（約分）} \\
&= \lim_{x \to 2} (x - 1) \quad x \text{ に 2 を代入} \\
&= 2 - 1 \\
&= 1
\end{aligned}$$

解答

問題に与えられた

$$\lim_{x \to 1} \frac{\sqrt{x+3}-2}{x-1}$$

は x に 1 を代入すると分子も分母も 0 になる「$\frac{0}{0}$ 型」です。そこで分母を 0 にする要因である「$x-1$」を消去することを考えましょう。しかし、このままでは約分ができません……どうしましょう？ 実は「分子の有理化」というテクニックを使います。

注)「有理化」というのは、

$$\frac{b}{a} = \frac{b}{a} \times \frac{c}{c}$$

を使って、分母や分子の $\sqrt{}$ を消滅させることです。

$$\begin{aligned}
\lim_{x \to 1} \frac{\sqrt{x+3}-2}{x-1} &= \lim_{x \to 1} \frac{\sqrt{x+3}-2}{x-1} \times \frac{\sqrt{x+3}+2}{\sqrt{x+3}+2} \\
&= \lim_{x \to 1} \frac{(\sqrt{x+3})^2 - 2^2}{(x-1)(\sqrt{x+3}+2)} \\
&= \lim_{x \to 1} \frac{x+3-4}{(x-1)(\sqrt{x+3}+2)} = \lim_{x \to 1} \frac{x-1}{(x-1)(\sqrt{x+3}+2)} \\
&= \lim_{x \to 1} \frac{1}{\sqrt{x+3}+2} \\
&= \frac{1}{\sqrt{4}+2} = \frac{1}{4}
\end{aligned}$$

分子に $(a-b)(a+b) = a^2 - b^2$ を使っています。

x に 1 を代入

分母を 0 にする要因を約分

「$\frac{0}{0}$ 型」の計算ができるようになれば、この先の微分係数や導関数も求められるようになるぞ。

ゼロで割ってはいけない理由

ちょっとよこみち①

　前節でも触れたとおり、そもそも「極限」という概念が登場したのは、**数学では 0 で割ることが絶対に許されていないからです**。でも、その理由が分からないと、わざわざ「○○を△△に限りなく近づけると……」なんていって「lim」を持ち出す意味がピンとこないと思いますので、ここでは 0 で割ることを許すとどんなことになってしまうかを紹介します。

➢ 2＝1 の証明

　いきなりですが、「2 ＝ 1」であることを証明してみせます。

$$x = y とします。$$

① 両辺に x を掛けると

$$x^2 = xy$$

② 両辺から y^2 を引くと

$$x^2 - y^2 = xy - y^2$$

③ 因数分解すると

$$(x+y)(x-y) = y(x-y)$$

④ 両辺を $(x-y)$ で割ると

$$x + y = y$$

⑤ $x = y$ なので

$$2y = y$$

⑥ 両辺を y で割ると

$$2 = 1$$

いかがでしょうか？

これによると、確かに $2 = 1$ ということになります。数学的に正しいと思うステップを積み上げたのに、明らかに誤った結果を得てしまいました。そんなことがあり得るのでしょうか？

実は左ページの①～⑥のステップのうち、1つだけ数学的に「正しくない」ステップが含まれています。どこだか分かりますか？

この「証明」自体は数学の小ネタとして結構有名なので、知っている人もいると思いますが、④のステップ「両辺を $(x-y)$ で割ると」の部分に問題があります。

第1行に注目してください。最初に「$x = y$ とします」と書いてありますね。つまり、

$$x - y = 0$$

なので、**両辺を $(x-y)$ で割るということが、両辺を 0（ゼロ）で割ることになってしまっている**のです。ここが破綻の原因です。

➤ 0で割ってはいけない理由

数学で、**0で割ることが禁止されているのは**左の $2 = 1$ の「証明」のように**明らかにおかしな結論が得られてしまう**ことが分かっているからです。他にも例を挙げましょう。

$$2 \times 3 = 6 \quad \Leftrightarrow \quad 2 = 6 \div 3$$

と同じように考えて、

$$2 \times 0 = 0 \quad \Leftrightarrow \quad 2 = 0 \div 0$$
$$3 \times 0 = 0 \quad \Leftrightarrow \quad 3 = 0 \div 0$$
$$4 \times 0 = 0 \quad \Leftrightarrow \quad 4 = 0 \div 0$$

とできることになってしまうと、

$$0 \div 0 = 2 = 3 = 4$$

ということになって、「$2 = 3 = 4$」という、やはり明らかに間違った結論が得られてしまいます。

➣ 0 で割ると何が起きる？

　例えばコンピュータがプログラム上 0 で割り算をしようとすると、多くのコンピュータはエラーにつながり、ときおり未処理のままプログラムが中断することになります。

　実際、こんなことがありました。

　1997 年、アメリカの誘導ミサイル巡洋艦ヨークタウンは、搭載しているコンピュータが 0 による割り算を行ったために、全システムがダウンしてしまい、2 時間 30 分にわたって制御不能に陥りました。後の報告によると搭載コンピュータのアプリケーションにあった〝0 による割り算〟を起こすエラーにより、回線がパンクしてしまったことが原因だったとのことです。もし、これが飛行機の搭載コンピュータであったなら、きっと**乗組員の命はなかったことでしょう。**

　もう一度、念押しします。

0 で割ってはいけません！

　命に関わります！

➣（おまけ）$a^0 = 1$ の理由

　0 に関する「決まり」をもう 1 つ。

　中学で「$2 \times 2 = 2^2$」や「$2 \times 2 \times 2 = 2^3$」という、いわゆる「**累乗（同じ数を繰り返し掛けること）**」を習ったとき、数字の右肩に乗っている小さく書かれた数は**累乗の指数**と言って**繰り返し掛ける回数**を表します、と

教わりました。

ところが、高校数学の数Ⅱでは「**指数の拡張**」という名目のもとで「2^0」や「2^{-1}」などが突然現れます。こうなると

「2を0回掛ける、ってどういうことだ！」

「2を−1回掛ける？？？意味不明……」

と怒ったり、嘆いたりする人が続出します。しかしこれは文字どおり「拡張」です。指数（肩の数字）が正の整数のときのルールを、指数が0や負の整数のケースに当てはめます。下の式をみてください。

$$2^3 = 8$$
$$2^2 = 4$$
$$2^1 = 2$$
$$2^0 = ?$$
$$2^{-1} = ?$$
$$2^{-2} = ?$$

（×2 ／÷2 の矢印）

$2^1 \to 2^2 \to 2^3$ と指数が1つ大きくなると数は2倍になっていますね（当たり前です）。また反対に $2^3 \to 2^2 \to 2^1$ と指数が1つ小さくなると数は半分になります。**このルールをそのまま適用すると「2^0」はいくつだったらいいと思いますか？** そうですね。「$2^1 = 2$」を半分にするのですから「$2^0 = 1$」です。

同様に考えれば、「$2^{-1} = \dfrac{1}{2}$」や「$2^{-2} = \dfrac{1}{4}$」になることも分かると思います。これを一般化すると、

$$a^0 = 1, \quad a^{-n} = \frac{1}{a^n}$$

になるというわけです。

06 「微分係数」は接線の傾きのこと

　いよいよというか、ようやくというか、見出しについに「微分」という言葉が登場しました！　第1節（§01）で「微分とは分析である！」と謳ったわけですが、ひとくちに分析と言っても、いろいろな方法があります。微分が行う分析とは何か？
　……ズバリ読んで字のごとく、**微かなものに分ける**ことです。
　対象を「微かなもの」＝「とても小さいもの」に分けていく分析をするからには、細かければ細かいほどより詳しく調べることができそうですよね。10等分よりは100等分、100等分よりは1000等分……そう、**微分とは関数を限りなく細かく分ける分析のことなのです！**

> **問題**
>
> 次の極限値を $f(a)$、$f'(a)$ を用いて表しなさい。
>
> $$\lim_{b \to a} \frac{a^2 f(b) - b^2 f(a)}{b - a}$$

　注）$f'(a)$ は「微分係数」と呼ばれるものです。
　　　後ほど詳しく解説します。

　関数を限りなく細かく分けて分析すると言っても、具体的にはいったい何を見るのでしょうか？

第1節（§01）で見たとおり、関数 $y = f(x)$ というのは入力〔x〕と出力〔y〕の間に成り立つ一定の関係を表したものです。この「関係」の正体をあばくのが私たちの目的ですが、同じ入力を繰り返しても同じ値が出てくるだけですから、ほとんど何も分かりません。やはりここはいろいろと入力を変えてみて、出力がどういうふうに変化するかを調べたいところです。

　それにはちょうどよいものがあります。第2節（§02）で学んだ**平均変化率**です。平均変化率は「x（入力）がある分だけ変化したときに、y（出力）がどれくらい変化するか？」を表すので、まさに打って付けです。

　今、私たちは限りなく細かく分ける分析をしようとしています。関数を細かく切り刻むと、x の変化分（変化率ではありません）はどうなりますか？　当然、小さくなりますね。

　ということで、私たちの当面の目標は **x の変化分を限りなく小さくしていったときに平均変化率がどうなるか**を調べることです。

➤ 平均変化率の極限

　平均変化率というのは、グラフ上では 2 点を結ぶ直線の傾きを表すのでしたね（P23）。次ページ以降のグラフ①〜④は、**x の変化分（$b - a$）を限りなく小さくしていったときに、2 点を結ぶ直線の「傾き」がどうなっていくか**を表しています。

① ②

*x*の変化分

*x*の変化分

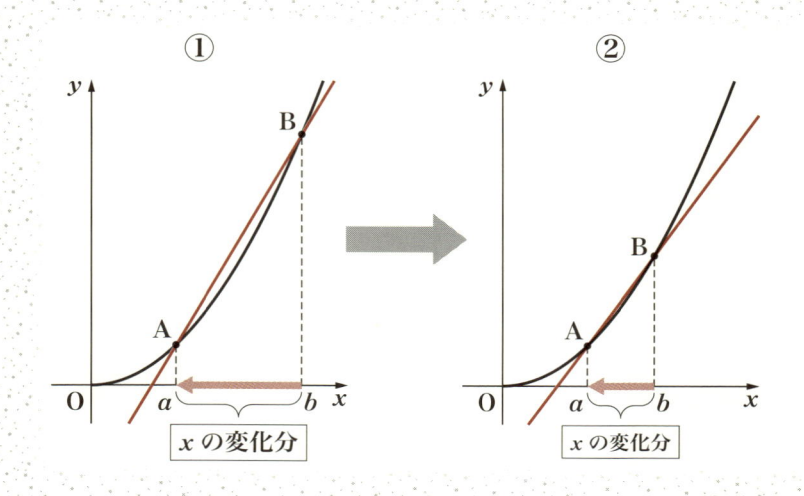

　どうやら、*x*の変化分を限りなく小さくしていくと、直線ABは右ページ図④の赤い破線に近づいていきそうです。この赤い破線は何でしょう？
　そうですね。この**赤い破線は点Aにおける接線**です。
　つまり、*x*の変化分を限りなく小さくしていくと以下のようになります。

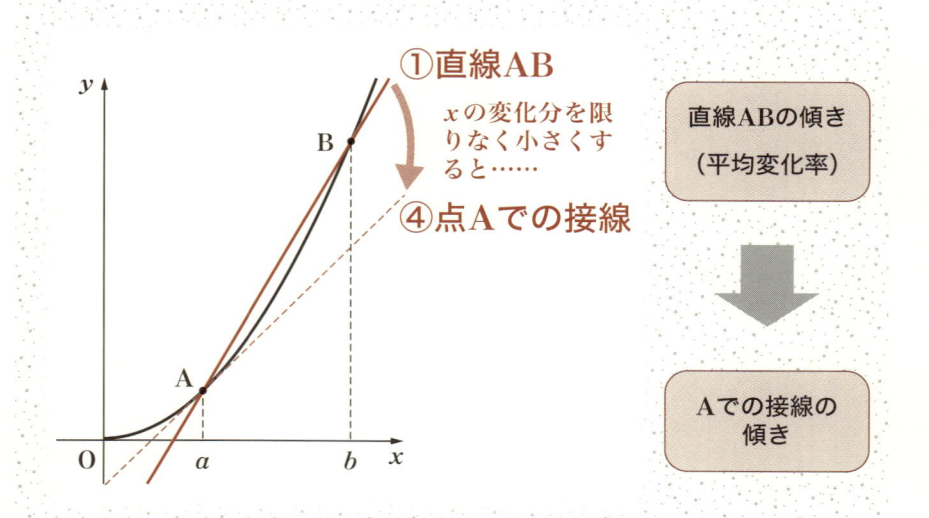

①直線AB

*x*の変化分を限りなく小さくすると……

④点Aでの接線

直線ABの傾き
（平均変化率）

↓

Aでの接線の傾き

③ ④

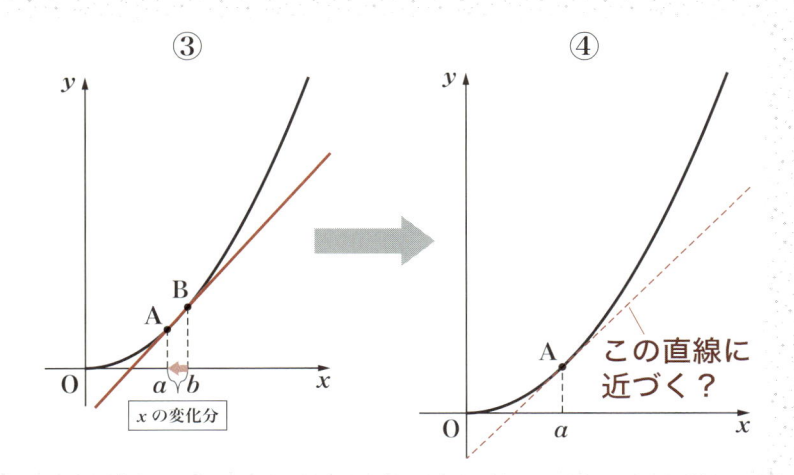

さあ、ここからが大切です！
平均変化率というのは

$$\text{平均変化率} = \frac{f(b)-f(a)}{b-a}$$

という式でした（P23）。

　ここで x の変化分（$b-a$）は分母にあるので、0 になることは絶対に許されません。どんなに小さくしていったとしてもピッタリ 0 にするわけにはいかないのです。しかし「$b-a$」を限りなく小さくしていくと、平均変化率が接線の傾きに近づくことは明らかです。そう、ゴールが見えています。

　こんなときこそ、**極限の出番**です。

➤ 微分係数の定義

平均変化率の x の変化分 ($b-a$) を限りなく小さくしたときのゴールである**接線の傾き**のことを「**微分係数**」といい、$f'(a)$ と表します。

「$b-a$」を限りなく小さくすることは b を限りなく a に近づけることと同じですから「lim」を使って書けばこうです。

まとめ | **微分係数**

$$f'(a) = \lim_{b \to a} \frac{f(b)-f(a)}{b-a}$$

$b-a=h$ とおくと $b=a+h$, また $b \to a$ のとき $h \to 0$ だから

$$f'(a) = \lim_{h \to 0} \frac{f(a+h)-f(a)}{h}$$

$f'(a)$ は $x=a$ での**接線の傾き**を表す。

注）微分係数の定義には上のように2通りあってどちらも重要ですが、どちらかと言うと今後は下の形のほうをよく見るかもしれません。b は結局 a に限りなく近づけてしまうので、最初どこにあっても構いませんが、a の位置が変わると接線の傾きが変わるので微分係数の値が違うものになってしまいます。そういう意味で、a が主役である感じのする下の表現のほうが好まれるのでしょう。ちなみに h というアルファベットを使うのは慣例で、深い意味は多分ありません。

解答

与えられた

$$\lim_{b \to a} \frac{a^2 f(b) - b^2 f(a)}{b-a}$$

から

$$\lim_{b \to a} \frac{f(b) - f(a)}{b-a} = f'(a)$$

を連想できればしめたものです。

無理やり変形！　　辻褄合わせ

$$\lim_{b \to a} \frac{a^2 f(b) - b^2 f(a)}{b-a} = \lim_{b \to a} \frac{a^2\{f(b) - f(a)\} + a^2 f(a) - b^2 f(a)}{b-a}$$

$$= \lim_{b \to a} \left\{ a^2 \frac{f(b) - f(a)}{b-a} - \frac{b^2 - a^2}{b-a} f(a) \right\}$$

$b^2 - a^2$
$= (b-a)(b+a)$

$$= \lim_{b \to a} \left\{ a^2 \frac{f(b) - f(a)}{b-a} - (b+a) f(a) \right\} \quad \cdots\cdots ①$$

ここで、

$$\lim_{b \to a} \frac{f(b) - f(a)}{b-a} = f'(a), \quad \lim_{b \to a} (b+a) = 2a$$

を使うと①式は

$$= a^2 f'(a) - 2a f(a)$$

と計算できます。

> ある関数の**いろいろな点における接線の傾き**$[f'(a)]$が分かれば、その関数全体の様子が分かるぞ……（詳しくは後ほど！）

07 物理への応用①：瞬間の速度

いきなり「微分係数」という概念が出てきて面食らった方に、ここではその具体的な使い道を紹介します。微分係数を使えば、これまでは求めることができなかった「瞬間の速度」が計算できます！

問題

坂を転がるボールの移動距離が、次のように時間 t［秒］の関数になっています。$t=2$［秒］の瞬間の速度を求めなさい。

$$f(t) = \frac{1}{4}t^2$$

当然、坂を転がるボールは加速してどんどん速くなりますね。このような運動における「瞬間の速度」はどのようにして求めるのでしょう？

今、下図のように坂道の斜面に沿って x 軸を取ります。

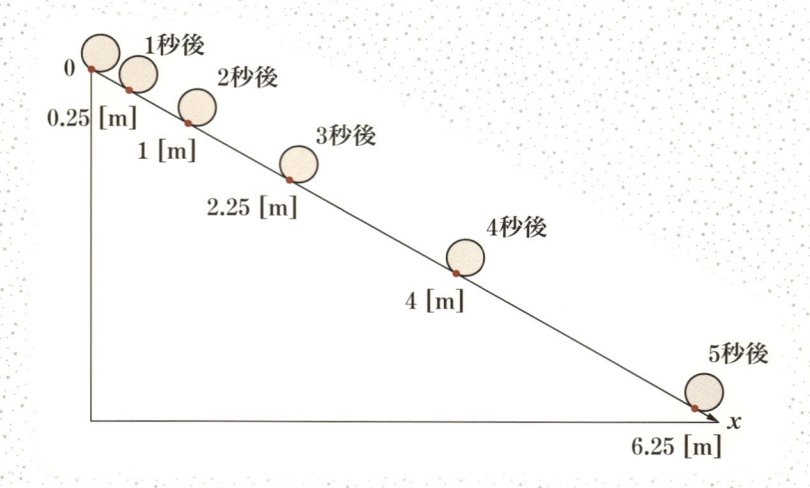

58

この様子を横軸に時間（t）、縦軸に移動距離（x）を取ってグラフに表すとこうです（**$x-t$ グラフ**と言います）。

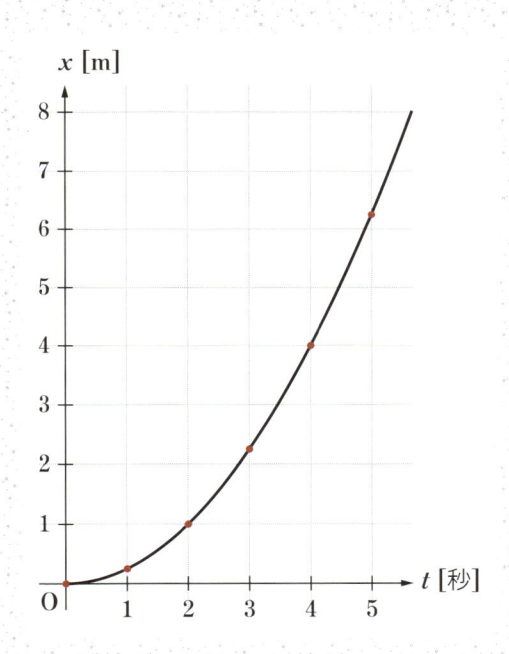

➤ 平均の速度

さて速度です。こんな式で計算できるのでしたね。

$$速度 = \frac{距離}{時間}$$

> 余談ですが、この式を「ハジキ」とか、「キTちゃんのハジ」、「キの下ハジメくん」などの語呂合わせとともに $\boxed{\frac{キ}{ハジ}}$ で憶えてしまった人は、「速度＝単位時間（1秒とか1分とか1時間とか）あたりに進む距離」という**定義**に戻って上の式の意味を考えてみてくださいね。
> **数学ができるようになる唯一の道は丸暗記をやめることです！**

今回の場合、例えば 2 秒後と 4 秒後の値を使うとすると、距離（x の差）は $4-1$ [m]、時間（t の差）は $4-2$ [秒] です。つまり速度は、

$$\frac{4-1[\mathrm{m}]}{4-2[\mathrm{秒}]} = \frac{3}{2} = 1.5[\mathrm{m/秒}]$$

で**秒速 1.5m** と求まります。

　さて、これは一体何を表しているのでしょうか？ 2 秒後と 4 秒後では明らかに速度が違うのに「秒速 1.5m」という値が出ました。勘のよい読者はお気づきだと思いますが、実はこれは 2 秒後から 4 秒後の間の「**平均の速度**」です。2 秒後の瞬間の速度は秒速 1.5m よりも遅く、4 秒後の瞬間の速度は秒速 1.5m よりも速いはずです。ちなみに、この「1.5」という値は、先ほどのグラフで 2 秒後の点 A(2, 1)と 4 秒後の点 B(4, 4)の 2 点を結んだ直線の**傾き**になっています。

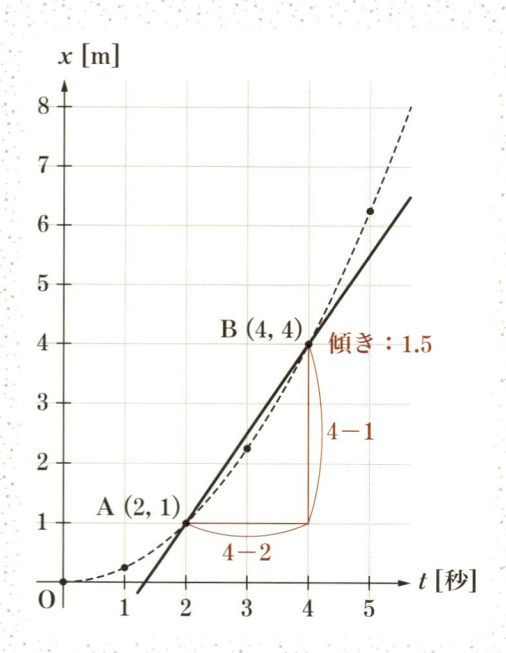

➢ 瞬間の速度と $x-t$ グラフの関係

　$x-t$ グラフ上の 2 点を結ぶ直線の傾きが平均の速度になることが分かったところで、今度はいよいよ瞬間の速度を求めていきましょう。今、グラフ上で $t=2$ のときの点を A とし、$t=b$ のときの点を B とすれば、b を限りなく 2 に近づけると B は A に限りなく近づいていきます。そうすると直線 AB はある直線に近づいていくのが分かるでしょうか？

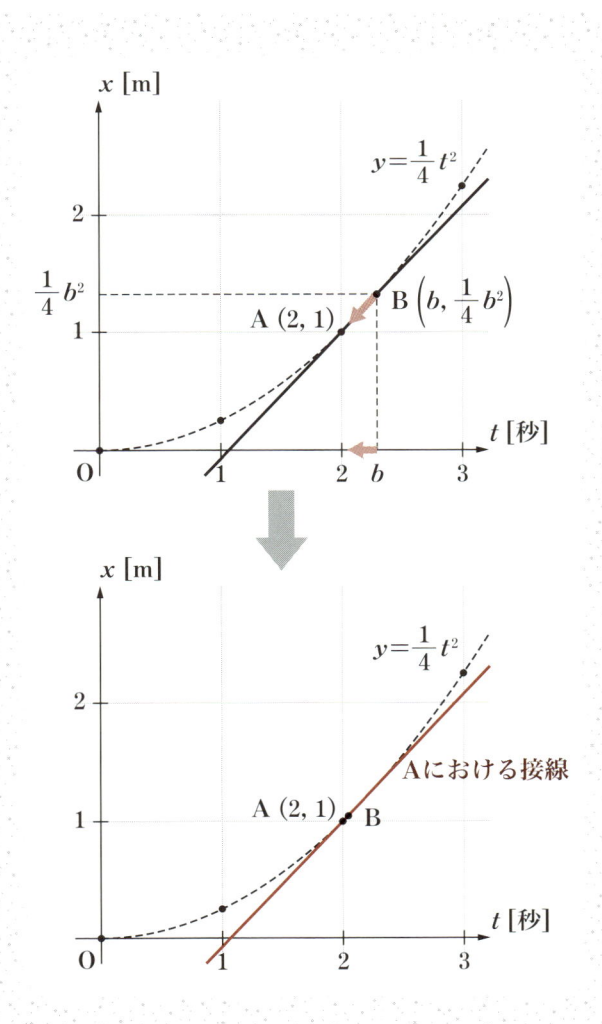

そうです！　直線 AB は **A における接線に近づいていくのです！**
あれ？　何かデジャブですね。

一方、b を限りなく 2 に近づけると 2 秒後〜b 秒後の平均の速度はどうなるでしょうか？

例えば、b が 2.01 だとしましょう。そうすると 2 秒後〜2.01 秒後の平均の速度が求まります。ただし、これは「平均」と呼ぶのがむなしいくらい、2 秒後の瞬間の速度に近いはずですよね？　b を 2.001 とか 2.0001 にすれば平均の速度はさらに 2 秒後の瞬間の速度に近づきます。

はい！　今、ゴールが見えました！

b を限りなく 2 に近づけたときの**平均の速度の極限（ゴール）こそ私たちが求める瞬間の速度**だというわけです！

グラフ上で直線 AB の傾きは平均の速度を表すので、$t=2$ すなわち点 A における**接線の傾きは瞬間の速度を表す**ということも分かります！

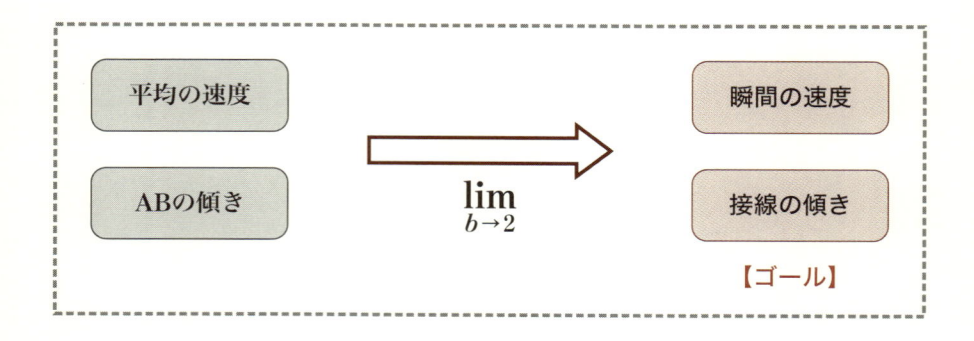

平均の速度		瞬間の速度
AB の傾き	$\lim_{b \to 2}$	接線の傾き
		【ゴール】

解答

問題は 58 ページ

「瞬間の速度 = 接線の傾き」であることが分かったので、$t=2$ のときの瞬間の速度を求めるには

$$f(t) = \frac{1}{4}t^2$$

において、$f'(2)$ を求めればよいことが分かります。

前節で学んだ定義どおりに計算していきましょう。

$$f'(2) = \lim_{b \to 2} \frac{f(b)-f(2)}{b-2}$$

> 定義の式
> $$f'(a) = \lim_{b \to a} \frac{f(b)-f(a)}{b-a}$$
> の a に 2 を代入

$$= \lim_{b \to 2} \frac{\frac{1}{4}b^2 - \frac{1}{4}2^2}{b-2}$$

$$= \lim_{b \to 2} \frac{\frac{1}{4}(b^2 - 2^2)}{b-2}$$

> $b^2 - a^2 = (b-a)(b+a)$

$$= \lim_{b \to 2} \frac{(b-2)(b+2)}{4(b-2)}$$

$$= \lim_{b \to 2} \frac{b+2}{4}$$

$$= \frac{2+2}{4}$$

$$= 1 \ [\text{m}/秒]$$

2 秒後のボールの「瞬間の速度」は秒速 1 m ということが分かりました。

> $x-t$ **グラフ**のある点における**接線の傾き**はその点における**瞬間の速度**を表しているんだね！

08 順列・組み合わせと「二項定理」

　これまで微分係数を学び、その応用例として瞬間の速度の計算方法をご紹介しました。だんだんと「微分（係数）」に対するイメージが膨らんできたことと思います。

　ただ、極限（lim）を使った微分係数の計算がどうにも面倒です……。そこで、$f(x) = x^2$ や $f(x) = x^3$ などを一般化して（n で表して）

$$f(x) = x^n \quad [n \text{ は整数}]$$

の場合の微分係数がどうなるかを**公式**として導いておきましょう。そうすれば、次からは公式を使ってすぐに計算することができます！

　では早速……と言いたいところですが、微分係数を求める公式を導くためには「**二項定理**」というものが必要ですので、まずはこれを理解しておきます。なお余談ですが、二項定理は大学受験生が忘れてしまう定理ワースト3のひとつです（永野数学塾調べ）。

　山登りをしていると必ず一度は「自分はなぜ重いリュックを背負って、こんなキツイことをしているのだろう」と思うものですが、この節はまさにそういう「難所」のひとつです。頑張ってください！

問題

$$\left(x^2 + \frac{1}{x}\right)^5$$

の展開式で、x の項の係数を答えなさい。

注）言葉の整理
単項式：「$2ab$」のように数字やいくつかの文字の積から成る式のこと。
多項式：いくつかの単項式の和や差で表された式のこと。
項：多項式を構成しているおのおのの単項式のこと。

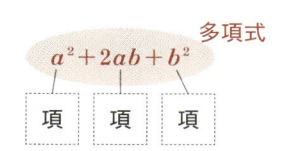

多項式
$a^2 + 2ab + b^2$
項　項　項

　二項定理を理解するには、いわゆる「順列」と「組み合わせ」の**場合の数**についても確認しておかなくてはなりません。「順列と組み合わせについては分かってるよ」という人は読み飛ばしてください。

注）**場合の数**：ある事柄において、起こり得るすべての場合の総数。

➢ まずは「順列」のおさらいから

　まずA，B，C，D，Eの5つから3つを選ぶ場合の数のうち、選ぶ順序を考慮する「順列」について考えましょう。選ぶ順序を考慮するので、A→B→Cと選ぶこととC→B→Aと選ぶことは違う、と考えます。
　このとき、最初の1つの選び方はA～Eのどれでもよいので5通り。
　2つ目は1つ目に選ばれなかった残りから選ぶので4通り。
　3つ目は1つ目にも2つ目にも選ばれなかった残りから選ぶので3通りです。

A，B，C，D，E から 3 つ選ぶ順列

⟨順列⟩

①	②	③
A〜Eから5通り	A〜Eから①以外の4通り	A〜Eから①と②以外の3通り

よって場合の数は次のように計算できます。

$$5 \times 4 \times 3 = 60 \text{ [通り]}$$

異なる 5 つから順序を考慮して 3 つを選ぶ場合の数は、順列を表す "*permutation*" の頭文字を取って $_5P_3$ と表します。つまり、

$$_5P_3 = 5 \times 4 \times 3 = 60$$

というわけです。一般化しておきましょう。

まとめ 順列

異なる n 個から r 個を選ぶ順列の場合の数は

$$_nP_r = \underbrace{n \times (n-1) \times (n-2) \times \cdots\cdots \times (n-r+1)}_{r \text{ 個の積}}$$

（$_5P_3$ のとき $5-3+1=3$）

例をあげておきます。

（異なる 10 個から 2 個を選ぶ）　$_{10}P_2 = 10 \times 9 = 90$

（異なる 4 個から 4 個を選ぶ）　$_4P_4 = 4 \times 3 \times 2 \times 1 = 4! = 24$

注）「4!」は「4 の階乗」と読みます。「階乗」というのは、階段を降りるように 1 ずつ数を減らしながら 1 までを掛けあわせた数のことです。

$$3! = 3 \times 2 \times 1$$

➤ 次に「組み合わせ」のおさらい

次に A，B，C，D，E の 5 つから順序を考慮しないで 3 つを選ぶ「**組み合わせ**」についても確認しておきましょう。今度は A → B → C も C → B → A も A と B と C を選ぶという意味では同じであると考えます。組み合わせが（A，B，C）になる順列は下のように全部で 6 通りあります。

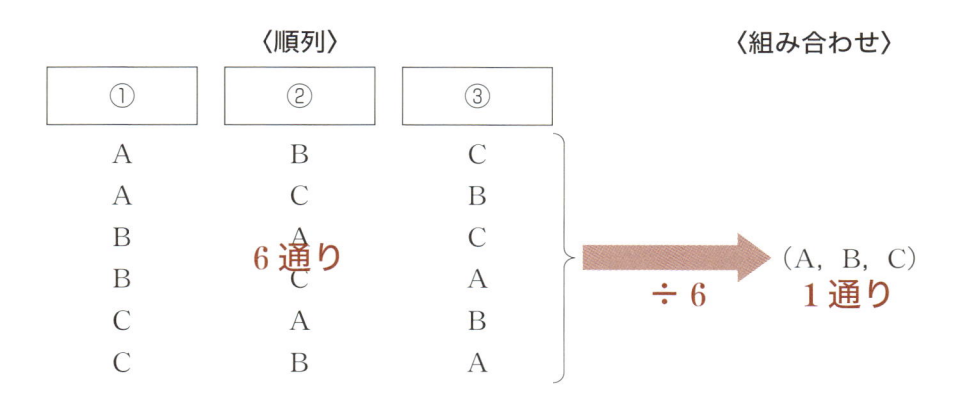

〈順列〉

①	②	③
A	B	C
A	C	B
B	A	C
B	C	A
C	A	B
C	B	A

6 通り

〈組み合わせ〉

÷ 6 → （A，B，C）　1 通り

順列では 6 通りに考えていたものが、組み合わせでは 1 通りになるというわけです。よって、この例の組み合わせの場合の数を求めるには、先ほど求めた**順列を 6 で割ってあげればよさそう**です。ちなみに、この「6」という数字は①・②・③の箱の並び替えの順列から、

$$_3P_3 = 3 \times 2 \times 1 = 3! = 6 \;[\text{通り}]$$

と計算することができます。組み合わせでは①・②・③の箱の並び替えの分だけダブるということですね。

異なる 5 つから順序を考慮せずに 3 つを選ぶ場合の数は、組み合わせを表す "*combination*" の頭文字を取って $_5C_3$ と表します。これを使うと、

$$_5C_3 = \frac{_5P_3}{3!} = \frac{5 \times 4 \times 3}{3 \times 2 \times 1} = 10 \;[\text{通り}]$$

となります。これも一般化しておきましょう。

> **まとめ** 組み合わせ
>
> 異なる n 個から r 個を選ぶ組み合わせの場合の数は
>
> $$_nC_r = \frac{_nP_r}{r!} = \frac{n \times (n-1) \times (n-2) \times \cdots\cdots \times (n-r+1)}{r \times (r-1) \times (r-2) \times \cdots\cdots \times 1}$$

これも例をあげておきますね。

(異なる 7 個から 2 個を選ぶ)　$_7C_2 = \dfrac{7 \times 6}{2 \times 1} = 21$

(異なる 10 個から 4 個を選ぶ)　$_{10}C_4 = \dfrac{10 \times 9 \times 8 \times 7}{4 \times 3 \times 2 \times 1} = 210$

これで（やっと）二項定理の説明に入る準備が整いました！

➢ 場合の数で導く「二項定理」

突然ですが、

$$(a+b)^3 = a^3 + \mathbf{3a^2b} + 3ab^2 + b^3$$

という展開公式の「$3a^2b$」の項について考えてみましょう。もちろん、この式は

$$(a+b)^3 = (a+b)(a+b)^2 = (a+b)(a^2+2ab+b^2) = \cdots\cdots$$

と展開することで簡単に計算できますが、ここではあえて「a^2b」の係数が「3」になる理由を「場合の数」として考えてみたいと思います。

　$(a+b)^3$ というのは下のように $(a+b)$ を 3 回掛けたものです（当たり前ですね）。

$$(a+b)^3 = (a+b) \times (a+b) \times (a+b)$$

こう考えると「a^2b」の項がつくられるのは

　　右端の（　）の b と、残りの 2 つの（　）の a を掛ける
　　中央の（　）の b と、残りの 2 つの（　）の a を掛ける
　　左端の（　）の b と、残りの 2 つの（　）の a を掛ける

のいずれかの場合しかありません。

a^2b のつくり方

$(a+b) \times (a+b) \times (a+b)$

3 通り
- a　　a　　**b**
- a　　**b**　　a
- **b**　　a　　a

以上より「a^2b」の係数が「3」である理由は、3 つの（　）から b を出す（　）を 1 つ選ぶ場合の数が「3」だからと考えられます。

注）「3 つの（　）から a を出す（　）を 2 つ選ぶ」と考えてもよいのですが、二項定理では b に注目するのがふつうです。

3 つから 1 つを選ぶということは（この場合、順序は考慮しなくてよいので）……そうです。「組み合わせ」です。すなわち、この「3」は

$$3 = {}_3C_1$$

と考えられます。結局、

$$(a+b)^3 \text{ の } a^2b \text{ の係数は } {}_3C_1$$

なのです！

では、$(a+b)^{10}$ の a^7b^3 の係数は？

10個の（ ）の中から、b を出す（ ）を3つ選べばよいので……$_{10}C_3$ ですね！

以上のことを一般化しておきましょう。

まとめ　二項係数

$(a+b)^n$ の、$a^{n-k}b^k$ の係数は $_nC_k$

このように、組み合わせの数 $_nC_k$ は二項式〔$(a+b)$ のように2つの項からなる式〕の展開式の係数として現れるので、**二項係数**と呼ばれます。二項係数を使うと、$(a+b)^n$ は次のように展開することができます。

まとめ　二項定理

$$(a+b)^n = {}_nC_0 a^n + {}_nC_1 a^{n-1}b + {}_nC_2 a^{n-2}b^2 + \cdots$$
$$\cdots + {}_nC_k a^{n-k}b^k + \cdots\cdots + {}_nC_n b^n$$

一般項！

これを**二項定理**と言います。

> 長くなってしまったけど、ここで理解した**二項定理**を使えば、$f(x)=x^n$ の微分係数を求める公式はすぐに導けるぞ。

解答

問題は 64 ページ

$\left(x^2+\dfrac{1}{x}\right)^5$ の一般項（k 番目の項）は、二項係数を使って次のように計算されます。

> $(a+b)^n$ の一般項は $_nC_k a^{n-k}b^k$

> $(a^m)^n = a^{m\times n}$

> $\left(\dfrac{1}{x}\right)^k = \dfrac{1^k}{x^k} = \dfrac{1}{x^k}$

$$_5C_k (x^2)^{5-k}\left(\dfrac{1}{x}\right)^k = {}_5C_k \times x^{10-2k} \times \dfrac{1}{x^k}$$

$$= {}_5C_k \times \dfrac{x^{10-2k}}{x^k}$$

> $\dfrac{a^m}{a^n} = a^{m-n}$

$$= {}_5C_k \times x^{10-3k} \quad \cdots\cdots ①$$

問題では「x の項」が聞かれているので

$$x^{10-3k} = x^1$$

$$\therefore \quad 10-3k = 1 \quad \Rightarrow \quad \boldsymbol{k=3}$$

これを①に代入して、

$$_5C_3 \times x^{10-3\times 3} = \dfrac{5\times 4\times 3}{3\times 2\times 1} \times x = 10\times x = 10x$$

以上より、求める係数は **10**。

$\left(x^2+\dfrac{1}{x}\right)^5$ を展開して地道に計算すると x という項が全部で 10 個出てくる、というわけです。

なんだか微分とは全然関係ないことをさせられた気がするかもしれませんが、次節ではこの二項定理を使って $f(x)=x^n$ の微分係数公式を導きます！

09 微分係数の公式を自力で導く！

前節「二項定理」はお疲れ様でした！　この節で苦労が報われます。

問題

次の $f(x)$ に対し、$f'(2)$ を求めなさい。

$$f(x) = \frac{1}{3}x^3 + 2x^2 + 5$$

ここでも上の問題は後回しにして、

$$f(x) = x^n$$

の場合の $x = a$ における微分係数 $f'(a)$ を考えていきましょう。まずは定義（P56）のおさらいです。

$$f'(a) = \lim_{h \to 0} \frac{f(a+h) - f(a)}{h}$$

でしたね。ここで $f(x) = x^n$ とすると、次のようになります。

$$f'(a) = \lim_{h \to 0} \frac{(a+h)^n - a^n}{h} \quad \cdots ①$$

うわっ！　分母に $(a+h)^n$ なんてのが出てきました。でも大丈夫！私たちには二項定理があります！　二項定理（P70）を使えば、

$$(a+h)^n = {}_nC_0 a^n + {}_nC_1 a^{n-1} h + {}_nC_2 a^{n-2} h^2 + \cdots\cdots + {}_nC_n h^n \quad \cdots ②$$

注）第 k 項（一般項）の ${}_nC_k a^{n-k} h^k$ は省きました。

組み合わせ（P68）を使ってそれぞれの係数を計算しておきましょう。

$$_nC_0 = 1$$

$$_nC_1 = \frac{n}{1!} = n$$

$$_nC_2 = \frac{n(n-1)}{2!} = \frac{n(n-1)}{2 \times 1} = \frac{n(n-1)}{2}$$

$$_nC_n = 1$$

注） $_nC_0 = 0$ ではないのか、という悲鳴が聞こえてきそうですが、$_nC_0$ は「n 個から 1 個も選ばない場合の数 = n 個から n 個全部を残す場合の数」と考えます。すなわち
　　$_nC_0 = {}_nC_n = 1$
です。

さあ、これらを②に代入しましょう。

$$(a+h)^n = {}_nC_0 a^n + {}_nC_1 a^{n-1}h + {}_nC_2 a^{n-2}h^2 \cdots + {}_nC_n h^n$$

$$= 1 \cdot a^n + n \cdot a^{n-1}h + \frac{n(n-1)}{2} \cdot a^{n-2}h^2 \cdots\cdots + 1 \cdot h^n$$

$$= a^n + na^{n-1}h + \frac{n(n-1)}{2}a^{n-2}h^2 \cdots\cdots + h^n \quad \cdots ③$$

今度は③を①に代入です……と、その前に、第 5 節（§05）「関数の極限」で学んだ「$\dfrac{0}{0}$ 型の極限の求め方」（P46）をおさらいしておきます。

（ⅰ）分母を 0 にする要因を取り除く（多くは約分）
（ⅱ）近づく値を代入する

でしたね。改めて、③を①に代入します。

$$f'(a) = \lim_{h \to 0} \frac{(a+h)^n - a^n}{h}$$

$$= \lim_{h \to 0} \frac{\left\{a^n + na^{n-1}h + \frac{n(n-1)}{2}a^{n-2}h^2 \cdots + h^n\right\} - a^n}{h}$$ ③を代入

a^n は相殺

$$= \lim_{h \to 0} \frac{na^{n-1}h + \frac{n(n-1)}{2}a^{n-2}h^2 \cdots + h^n}{h}$$

(i) h を約分

$$= \lim_{h \to 0} \left\{na^{n-1} + \frac{n(n-1)}{2}a^{n-2}h \cdots + h^{n-1}\right\}$$

(ii) h に 0 を代入

$$= na^{n-1}$$

　　　はすべて「h」を含む項なので、(ii) の手続き「h に 0 代入」を行うと消えることに注意！

　おめでとうございます！　ついに私たちは一般に成り立つ次の公式を手に入れました。

まとめ　微分係数の公式

$f(x) = x^n$ のとき

$$f'(a) = na^{n-1}$$

　つまり「$f(x) = x^n$」のときの微分係数は指数（肩の数字 n）を前に出し、指数を 1 つ小さく（$n-1$）してから x に a を代入すればよいのですね！

(1)指数が前に出る　　　(3)x に a を代入

$$f(x) = x^n \quad \Rightarrow \quad f'(a) = na^{n-1}$$

(2)指数が 1 つ小さくなる

微分係数の公式が手に入った感動（？）がさめないうちに早速使ってみましょう。

$$f(x) = x^3 \quad \Rightarrow \quad f'(a) = 3a^2$$
$$f(x) = 5x^{10} \quad \Rightarrow \quad f'(a) = 5 \cdot 10a^9 = 50a^9$$

ね、簡単でしょ？

➤ 定数関数の微分係数

ただし、

$$f(x) = c \quad (c \text{ は定数})$$

の場合、$f(x)$ は x を含まないので上の公式が使えそうにありません。こういうときはそもそもの意味に戻ります。

微分係数 ＝ 接線の傾き

でしたね。ところが $f(x) = c$ のグラフは下のような x 軸に平行なグラフになります。このとき**接線（という感じはしませんが）の傾きは（a の位置によらず）0** です。

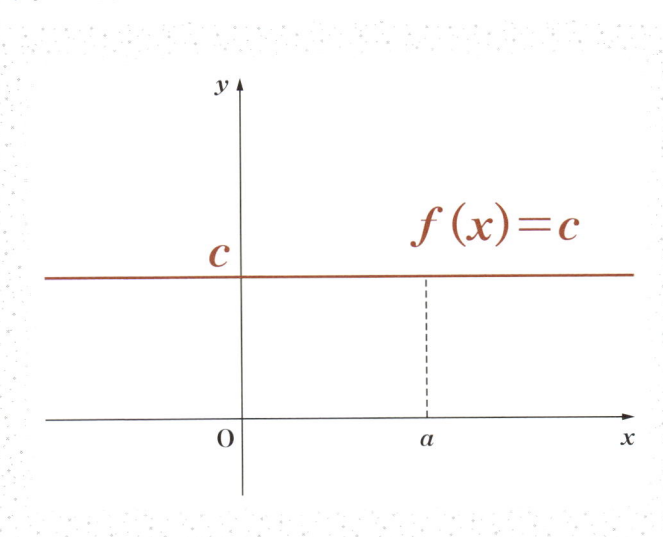

ということで、次のことが分かります。

> **まとめ　定数関数の微分係数**
>
> $$f(x) = c \implies f'(a) = 0$$
>
> [c は定数]

解 答

問題は 72 ページ

$f'(2)$ を求める問題ですが、まずは $f'(a)$ を求めて最後に 2 を代入しましょう。問題に与えられた $f(x)$ には複数の項がありますが、それぞれの項に微分係数の公式を使っていきます。「5」は定数ですから 0 になることに注意しましょう。

$$f(x) = \frac{1}{3}x^3 + 2x^2 + 5$$

$$f'(a) = \frac{1}{3} \cdot 3a^2 + 2 \cdot 2a + 0$$

$$= a^2 + 4a$$

$x^3 \to 3a^2$
$x^2 \to 2a$
$5 \to 0$

よって

$$f'(2) = 2^2 + 4 \cdot 2$$

$$= 4 + 8 = 12$$

a に 2 を代入

$y = \frac{1}{3}x^3 + 2x^2 + 5$

傾き：12

慣れてくれば、$f'(a)$ を経由しなくてもダイレクトに求められるようになるでしょう。

➤ なぜここまで準備する必要があったのか？

意外に思われるかもしれませんが、高校生にとって数Ⅱで学ぶ微分は大変得点がしやすい単元です。それまでの成績が悪く数学の単位が危なかった生徒も、ここで挽回し、なんとか単位を取得するということもよくあります。なぜなら、微分係数の公式は慣れてくると非常に簡単で機械的に答えを出すことができるからです。

でも（当然のことながら）そういう生徒は微分の意味を理解していません。公式に数字を当てはめて計算をしているだけです。定期テストが終わって少しすれば、そのやり方も忘れてしまって、結局は微分から何も学べなかったということになってしまいます。

本書でこの公式を導くためにここまでしっかりと準備をしてきたのは、同じ轍、すなわち前轍を踏まないためです。別に誰かに強制されたわけでもないのに（ですよね？）あえてもう一度微分や積分と向き合ってくれようとしている読者の皆さんは**どうぞ、公式の結果よりもここに至るプロセスを大事にしてください**。そうすれば（今度こそ!?）**微分の意味と意義**をつかめるはずです。

次節では微分係数 $f'(a)$ が a の値によって変わっていくことから発展して、**導関数 $f'(x)$** というものを学ぶよ！

10 変化を分析する──導関数と増減表

　実はこの節は**微分篇の頂上**です！　この節でご紹介する「**導関数**」と「**増減表**」を理解してグラフが描けるようになれば、あなたは微分を通して学ぶべき概念のほとんどを手に入れたことになります！

> **問題**
>
> 次の $f(x)$ に対し、$y=f(x)$ のグラフを描きなさい。
>
> $$f(x) = \frac{1}{3}x^3 - x + 1$$

　私たちが高校で微分以前にグラフの形を学ぶ関数は 1 次関数、2 次関数、三角関数、指数関数、対数関数の 5 種類だけでした（P13）。この問題のような 3 次関数のグラフがどうなるかは知りません。そこで微分の登場となるわけです。

　前節で、私たちは微分係数の公式

$$f(x) = x^n \quad \Rightarrow \quad f'(a) = na^{n-1}$$

を手に入れました。もうこれからは気軽に（？）いろいろな a について微分係数の値を求めることができそうです。
　前述のとおり、**微分係数というのは接線の傾きを表します**。今、グラフが右のような形になる関数 $y=f(x)$ があるとしましょう。この関数のいろいろな点で接線の傾きを求めたのが右ページの下の図です。

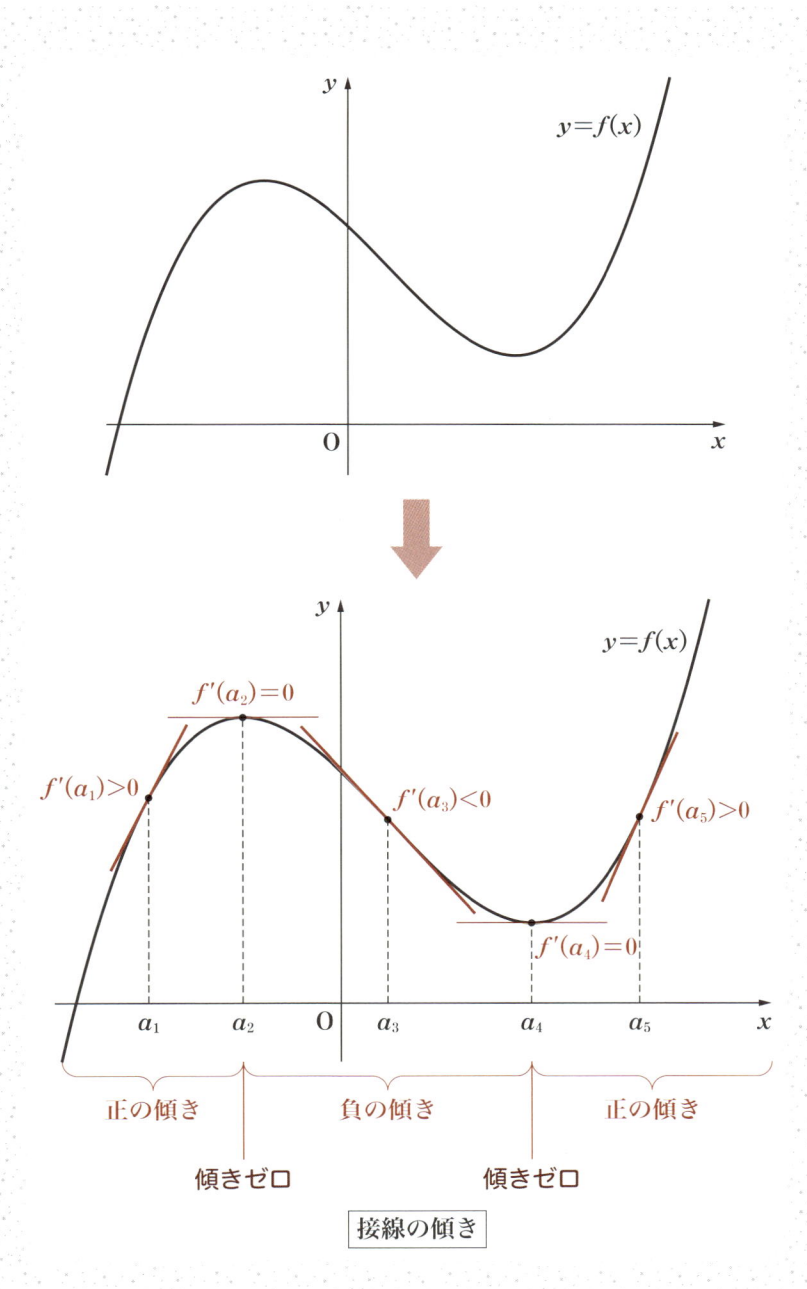

$y = f(x)$

$f'(a_2) = 0$
$f'(a_1) > 0$
$f'(a_3) < 0$
$f'(a_5) > 0$
$f'(a_4) = 0$

a_1 a_2 a_3 a_4 a_5

正の傾き　　負の傾き　　正の傾き

傾きゼロ　　傾きゼロ

接線の傾き

こうしてみるとグラフから

接点の x 座標が a_2 より小さいとき、接線の傾きは正（＋）
接点の x 座標が a_2 のとき、接線の傾きはゼロ
接点の x 座標が a_2 と a_4 の間にあるとき、接線の傾きは負（−）
接点の x 座標が a_4 のとき、接線の傾きはゼロ
接点の x 座標が a_4 より大きいとき、接線の傾きは正（＋）

であることが分かります。でも、こんなふうに羅列されてもなんだか分かりづらいですよね。そこでこれを表にまとめます。

x	⋯	a_2	⋯	a_4	⋯
$f'(x)$	＋	0	−	0	＋
$f(x)$	↗		↘		↗

表の中の「↗」は接線の傾きが正であることを「↘」は接線の傾きが**負である**ことを表しています。だいぶスッキリしました！

➤ $f'(a)$ と $f'(x)$

ところでお気づきの方もいると思いますが、上の表の中段にさりげなく書かれた「$f'(x)$」、実は本書の中でこの表記が出てきたのはこれがはじめてです。今まではいつも「$f'(a)$」と書いてきましたから……。

では「$f'(a)$」と「$f'(x)$」……いったい何が違うのでしょうか？

「$f'(a)$」と書くときの a には 1 とか 3 とか -0.5 とかの定数をイメージしています。そう、「$f'(a)$」はある決まった点における接線の傾きです。ただし前出のグラフや表でも分かるように、「$f'(a)$」の値は a の値が違うと様々に変化します（当たり前です）。つまり**「$f'(a)$」は入力としての a に対する出力、すなわち a の関数である**と考えることもできるわけです。

と言っても、a が時によって定数になったり、変数になったりすると、いちいち「この a は定数？　変数？」と考えなくてはなりません。これは面倒な話です。そこで違う文字を使おうということになるわけですが、変数と言えばやはり x です！

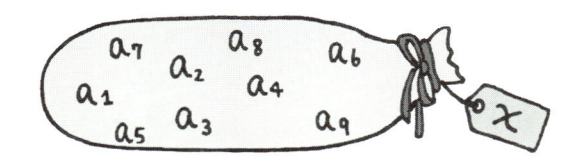

しかも、そもそも a は接点の x 座標ですから、微分係数を接点（の x 座標）の関数として見るときは「$f'(x)$」と書くようにしたのです。名前も「微分係数を x の関数として捉えたもの」では長ったらしいので、もとの関数 $f(x)$ から導かれる関数という意味から「導関数」になりました。

まとめ　導関数の定義

関数 $f(x)$ に対し

$$f'(x) = \lim_{h \to 0} \frac{f(x+h) - f(x)}{h}$$

で定められる関数 $f'(x)$ を $f(x)$ の導関数という。

微分係数の定義 (P56) の a を x に代えただけですね。もちろん、前節で求めた微分係数の公式も a を x に置き換えるだけでそのまま使えます。

> **まとめ** 導関数の公式
>
> $$f(x) = x^n \Rightarrow f'(x) = nx^{n-1}$$

➤ 導関数の存在意義

微分の頂が見えてきた今、ここまでの経緯をざっと振り返ってみます。

そもそも私たちの当初の目的は**関数の分析**でした。

そのために私たちは関数を微(かす)かなもの(＝非常に小さいもの)に分けたときの平均変化率がどうなるかを考えました。結果として**接線の傾き**が求まり、$f(x) = x^n$ の場合の微分係数を求める**公式**も導きました。そして今節では微分係数が接点の x 座標の関数とみなせることに注目して、新たに**導関数**というものも定義しました。

実は、導関数 $f'(x)$ を求めることを、関数 $f(x)$ を**微分する**と言います。そうです！ 関数を微かなものに分けて分析しようとする私たちの目的は、すなわち導関数 $f'(x)$ を求めることだったのです！

> **関数 $f(x)$ を微分する ＝ 導関数 $f'(x)$ を求める**

なあんて、一人で盛り上がっていると、
「え？ 微分係数の a を x に書き換えただけなのに、なぜそんなに盛り上がれるの？」
という声が聞こえてきそうです。

微分係数を関数とみなすことは、少しずつコマ送りした静止画を高速でめくることによって成立するアニメーションの革新性に似ている、と私は思っています。

　導関数を考えるときは、各点の接線の傾きそのものよりも接線の傾きがどのように「変化」するか、とりわけ、どこで正から負に変わるか（あるいは負から正に変わるか）に注目します。理由は？……というわけで先を急ぎましょう！

➤ 増減表でターニングポイントをつかもう

　先ほど下表に出てくる「↗」は接線の傾きが正であることを、「↘」は接線の傾きが負であることを表す、と書きました。

x	$\cdots$	a_2	$\cdots$	a_4	$\cdots$
$f'(x)$	$+$	0	$-$	0	$+$
$f(x)$	↗		↘		↗

　言い換えれば「↗」は関数が増加することを、「↘」は関数が減少することを表しています。

注）接線の傾きが正⇒グラフが右肩上がり⇒関数は増加
接線の傾きが負⇒グラフが右肩下がり⇒関数は減少

　この表を見れば（グラフを見なくても）関数がどこで増加し、どこで減少するかが分かります。この表のことを**増減表**と言います。

　逆に言えば、増減表さえ書ければ私たちはグラフを描くことができます。第1節（§01）で「**ある関数のグラフが描けることは最大値や最小値も含めてその関数を理解することに他なりません**」（P14）と書きましたが、微分による関数の分析は導関数の符号（正か0か負か）をもとに増減表を書くことによって完遂します！

増減表こそ、微分の目的そのもの

解 答

問題は78ページ

グラフを描く前に問題に与えられた

$$f(x) = \frac{1}{3}x^3 - x + 1$$

の増減表を完成させましょう。まずは微分していきます。もろもろの公式を使って、以下のように変形できます。

$$f'(x) = \frac{1}{3} \cdot 3x^2 - 1 \cdot x^0 + 0$$
$$= x^2 - 1$$

$x^0 = 1$

$x^n \to nx^{n-1}$
より
$x^3 \to 3x^2$
$x \to 1 \cdot x^0$
$1 \to 0$

導関数 $f'(x)$ の符号（正か負か）を調べるために、

$$f'(x) = x^2 - 1$$

について、$y = f'(x)$ のグラフを描きましょう。

$$f'(x) = x^2 - 1 = (x+1)(x-1)$$

より、$f'(x) = 0$ のとき $x = -1$ か 1 ですね。$f'(x)$ は 2 次関数でグラフは**下向き凸**の放物線ですから、$y = f'(x)$ のグラフはこうなります。

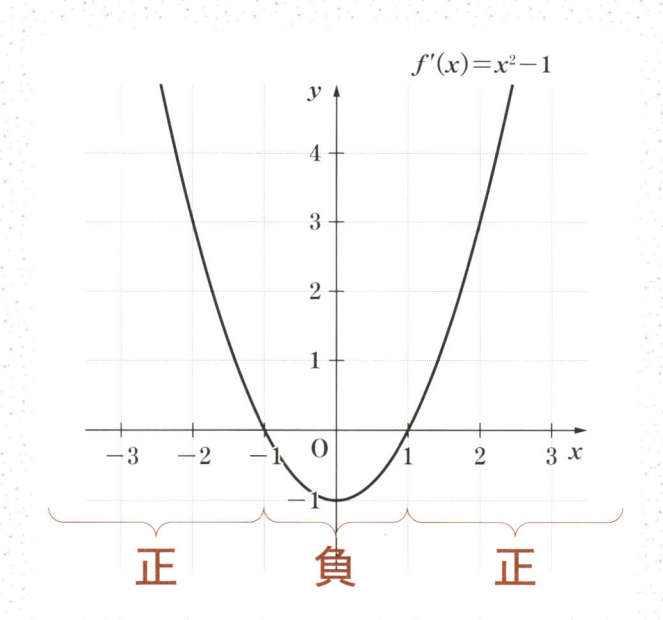

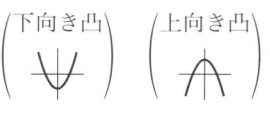

$f'(x) = x^2 - 1$

正　負　正

注）　放物線は 2 種類。　$\begin{pmatrix}\text{下向き凸}\\ \smile \end{pmatrix}$ $\begin{pmatrix}\text{上向き凸}\\ \frown \end{pmatrix}$

よって、

$$x < -1 のとき、f'(x) > 0$$
$$-1 \leq x \leq 1 のとき、f'(x) \leq 0$$
$$x > 1 のとき、f'(x) > 0$$

です。これを増減表にまとめましょう！

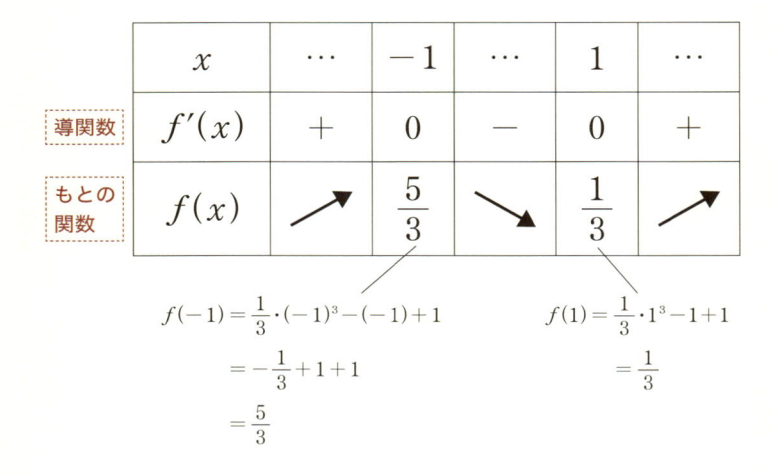

	x	$\cdots$	-1	$\cdots$	1	$\cdots$
導関数	$f'(x)$	$+$	0	$-$	0	$+$
もとの関数	$f(x)$	↗	$\dfrac{5}{3}$	↘	$\dfrac{1}{3}$	↗

$$f(-1) = \frac{1}{3} \cdot (-1)^3 - (-1) + 1$$
$$= -\frac{1}{3} + 1 + 1$$
$$= \frac{5}{3}$$

$$f(1) = \frac{1}{3} \cdot 1^3 - 1 + 1$$
$$= \frac{1}{3}$$

　$x = -1$ のときと $x = 1$ のときの $f(x)$ の値も求めましたので、これで準備完了です！

　以上をふまえると $f(x)$ のグラフは右ページのようになります。

$y = \dfrac{1}{3}x^3 - x + 1$

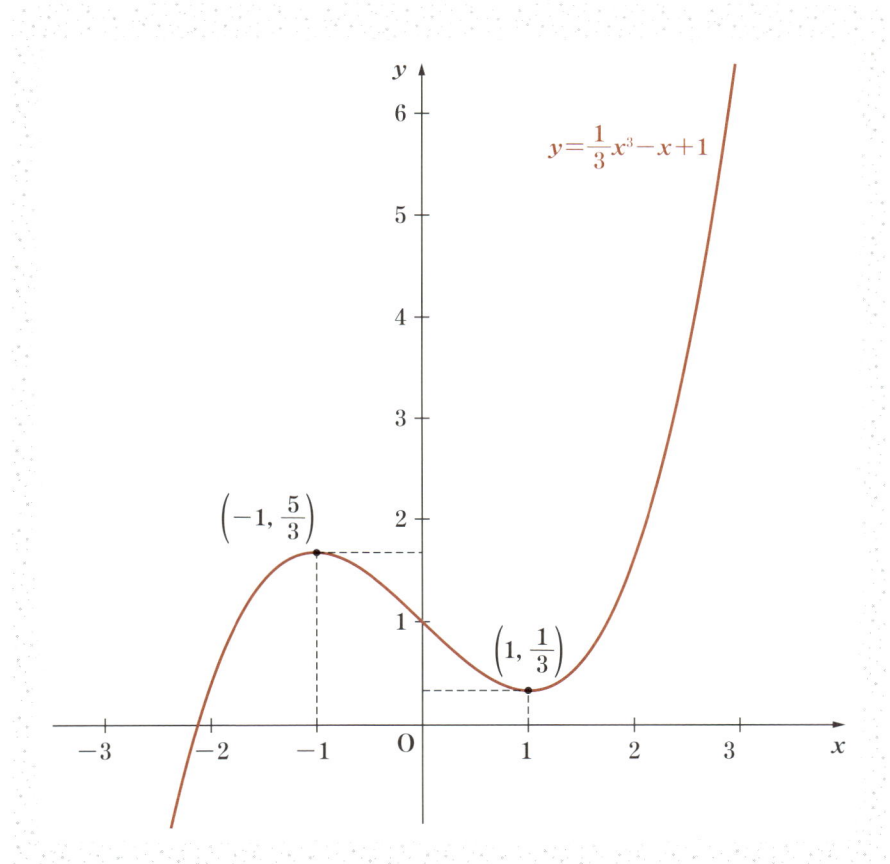

$\left(-1, \dfrac{5}{3}\right)$

$\left(1, \dfrac{1}{3}\right)$

> これで微分の概念の**大切なところはほぼ終了**！
> 次節以降は微分の応用例をいろいろと紹介していくよ。

11 外と！ 中と！――合成関数の微分

　微分の本質がざっくりつかめたところで、この後は数節にわたって微分の応用例を紹介していきます。どちらかというと**計算技術の話が中心**にはなりますが、いろいろなシーンで実際に微分を使うためには、どれも**便利かつ必須のテクニック**です。

> **問題**
>
> 次の $h(x)$ に対し、$h'(x)$ を求めなさい。
>
> $$h(x) = (x^2 + 3)^6$$

　関数を表すのにいつもの $f(x)$ ではなく、$h(x)$ を使っている理由は後で分かります。
　ところで、$h(x)$ は 2 次式の 6 乗、すなわち 12 次式です。
　二項定理（P70）を使って展開してから、地道に微分する？　もちろん、そうやって答えを導くこともできますが、この節で学ぶ「**合成関数の微分**」を使えば、うんと楽に計算することができます。

➤ 合成関数とは？

　この本の最初に、関数とは「函(はこ)の数」であるという話をしました。
　「y が x の関数」のとき、x は入力値で y は出力値でしたね。

今、このような「函」が2つあるとしましょう。函 f は入力値が x で、出力値が u、函 g は入力値が u で出力値が y だとします。

それぞれの函の関係を数式で表すとこうです。

$$函\ f : u = f(x) \quad \cdots ①$$
$$函\ g : y = g(u) \quad \cdots ②$$

注) ②式で「g」を使っているのは、アルファベット順で「f」の次だから、という以外の理由はありませんので、あしからず。

最終的な出力である y は、函 g の入力値 u によって決まるわけですが、u は函 f の出力値でもあるので、結局 x によって決まる数です。つまり2つの函を介してはいるものの、**y は x の関数であると言うこともできそう**です。このことは次ページの図のように**函 f と函 g を合体させて1つの函 h にしてしまう**と、より一層はっきりしますね。

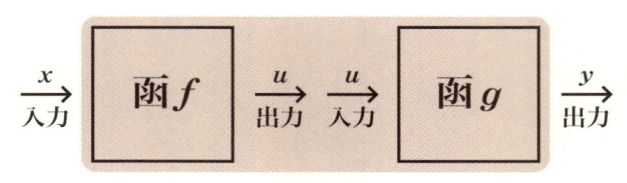

$$\xrightarrow[\text{入力}]{x} \boxed{\text{函}f} \xrightarrow[\text{出力}]{u} \xrightarrow[\text{入力}]{u} \boxed{\text{函}g} \xrightarrow[\text{出力}]{y}$$

合体してできた函 h

函 f と函 g を合体してできた函 h についての x と y の関係を

$$y = h(x) \quad \cdots ③$$

と書くことにします。

> 注）相変わらず「h」には「g」の次、という以外の意味はありません……。

一方、①式（$u = f(x)$）の u を、②式（$y = g(u)$）の u に代入した式をつくってみると、

$$y = g(u) = g(f(x)) \quad \cdots ④$$

③と④から、

$$h(x) = g(f(x))$$

ですね。このように複数の関数を合成してできた関数 $h(x)$ のことを**合成関数**と言います。

> 注）問題の「$h(x) = (x^2 + 3)^6$」は「$u = f(x) = x^2 + 3$」と「$y = g(u) = u^6$」の合成関数です。

| まとめ | 合成関数 |

2つの関数 f と g があるとき、

$$h(x) = g(f(x))$$

のように $g(x)$ の x に $f(x)$ を代入してできる関数 $h(x)$ を f と g の合成関数という。

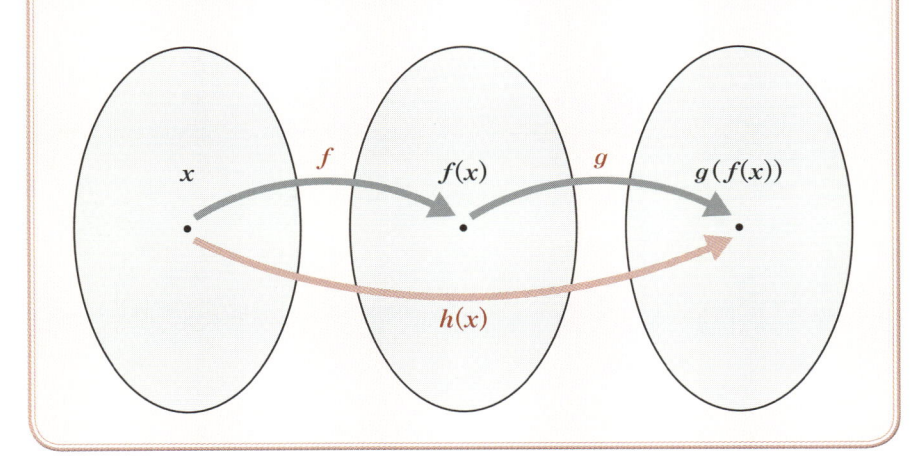

➤ **導関数のいろいろな表し方**

　これまで $f(x)$ の導関数のことはいつも「$f'(x)$」と表してきましたが、$y=f(x)$ のとき、導関数を簡単に「y'」と表すこともあります。

$$例）\quad y = x^2 \quad \Rightarrow \quad y' = 2x$$

　これは微分の創始者である**ニュートン**の表記法にならった表し方です。

　また、もうひとりの創始者である**ライプニッツ**は別の記号を考えました（ちなみにライプニッツは記号を考える天才です＝P262 参照）。

そもそも導関数は平均変化率の極限（微分係数）を関数として捉えたものでしたね。平均変化率は

$$\text{平均変化率} = \frac{y \text{の増加分}}{x \text{の増加分}}$$

なので「xの増加分」を「Δx（デルタ）」、「yの増加分」を「Δy（デルタ）」とすれば、

$$\text{平均変化率} = \frac{\Delta y}{\Delta x}$$

と書けます。

> 注）「Δ」は増加分を表す際に数学や理科でしばしば使われる記号です。英語の "difference" の頭文字「d」に相当するギリシャ文字が Δ であることに由来しています。

　$y = f(x)$ に対して x が $x \to x+h$ と変化すると、y は $f(x) \to f(x+h)$ と変化するので、

$$\Delta x = (x+h) - x$$
$$= h$$
$$\Delta y = f(x+h) - f(x)$$

となりますから、導関数の定義式は

$$f'(x) = \lim_{h \to 0} \frac{f(x+h) - f(x)}{h}$$
$$= \lim_{\Delta x \to 0} \frac{\Delta y}{\Delta x}$$

と書き換えることができます。ここでライプニッツは次のように書くことにしました。

$$\lim_{\Delta x \to 0} \frac{\Delta y}{\Delta x} = \frac{dy}{dx}$$

「dx」は「**限りなく小さい Δx**」を表し、「dy」は「**限りなく小さい Δy**」を表しています。この「$\frac{dy}{dx}$」を使うことでわざわざ「$\lim\limits_{\Delta x \to 0}$」を使わなくても「$x$ の変化分を限りなく小さくしたときの平均変化率の極限」を表すことができます。しかも「$\frac{dy}{dx}$」は単なる略記号ではありません。

導関数 $f'(x)$ を

$$f'(x) = \frac{dy}{dx}$$

と書き表すことで、本節で学ぶ合成関数の微分や後述の置換積分（§22）などを**単純な分数計算として扱える**ようになります。ライプニッツ先生に感謝です。

まとめ 導関数の表し方

$y = f(x)$ のとき、

$$\lim_{h \to 0} \frac{f(x+h) - f(x)}{h} = f'(x) = y' = \lim_{\Delta x \to 0} \frac{\Delta y}{\Delta x} = \frac{dy}{dx}$$

➢ 合成関数の微分

ライプニッツの記号をさっそく使ってみましょう。分数の計算

$$\frac{b}{a} = \frac{b}{c} \cdot \frac{c}{a}$$

と同じように考えます。

$$\frac{dy}{dx} = \frac{dy}{du} \cdot \frac{du}{dx}$$

実はこれが「**合成関数の微分**」です。

「え？」

と思いますよね。解説します。

今、

$$u = f(x)$$
$$y = g(u)$$

とすると、

$$u' = f'(x) = \frac{du}{dx} \quad \cdots ⑤$$

$$y' = g'(u) = \frac{dy}{du} \quad \cdots ⑥$$

注) ⑥について

y は（**ここでは！**）u の関数なので、$\frac{dy}{dx}$ ではなく、$\frac{dy}{du}$ であることに注意です。

また f と g の合成関数 $h(x)$ を

$$y = h(x) = g(f(x))$$

とします。ここで $y = h(x)$ の導関数を求めてみましょう。今度は y を x の関数と考えるので（2つの函を1つに合成して考えるので）$\frac{dy}{dx}$ を求めます（ややこしくてすみません）。

$$h'(x) = \{g(f(x))\}' = y' = \frac{dy}{dx} = \frac{dy}{du} \cdot \frac{du}{dx} = g'(u) \cdot f'(x) = g'(f(x)) \cdot f'(x)$$

文字式だけではピンとこないと思いますので、具体例として

$$y = (2x+1)^2$$

を考えてみましょう。「$(2x+1)^2$」は展開してから微分することも難しくありませんが、ここではあえて合成関数の微分を使います。

$$u = 2x+1 \quad \cdots ⑦$$

とすると、

$$\frac{du}{dx} = (2x+1)' = 2+0 = 2 \quad \cdots ⑧$$

ですね。また、

$$y = u^2$$

ですから、

$$\frac{dy}{du} = (u^2)' = 2u \quad \cdots ⑨$$

さあ、ここから合成関数の微分を使います。

$$\begin{aligned} y' &= \{(2x+1)^2\}' \\ &= \frac{dy}{dx} \\ &= \frac{dy}{du} \cdot \frac{du}{dx} \\ &= 2u \cdot 2 \\ &= 2(2x+1) \cdot 2 \\ &= 4(2x+1) \\ &= 8x+4 \end{aligned}$$

⑨:$\frac{dy}{du} = 2u$、⑧:$\frac{du}{dx} = 2$

⑦:$u = 2x+1$

念のため、本当にこれが正しいことを確かめておきます。

$$y = (2x+1)^2$$
$$= 4x^2 + 4x + 1$$

$(a+b)^2 = a^2 + 2ab + b^2$

式を展開すると上のようになりますね。これを微分すると……

$$y' = (4x^2 + 4x + 1)'$$
$$= 4 \cdot 2x + 4 + 0$$
$$= 8x + 4$$

$(x^2)' = 2x$
$(x)' = 1$
$(1)' = 0$

はい！　同じ答えになりました！

慣れてくると、合成関数の微分はいちいち「u」と置かなくてもできるようになります。前ページや前々ページで赤字の式を抜き出すと、

$$\{g(f(x))\}' = g'(f(x)) \cdot f'(x)$$
$$\{(2x+1)^2\}' = 2(2x+1) \cdot 2$$

となりますが、私たちはこの右辺をよく「**外の微分・中の微分**」と呼びます。「外」というのは g のことで、「中」というのは f のことです。

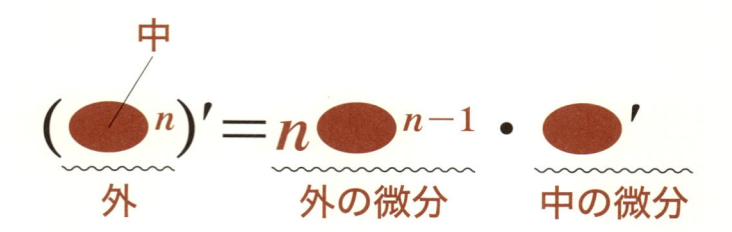

$$(\underset{\text{外}}{\bullet}{}^n)' = n\underset{\text{外の微分}}{\bullet}{}^{n-1} \cdot \underset{\text{中の微分}}{\bullet}{}'$$

中

注）「・」は掛け算を表す「×（乗算記号）」の略記号です。

まとめ　合成関数の微分

$$\{g(f(x))\}' = g'(f(x)) \cdot f'(x)$$

解答

問題は 88 ページ

$$h(x) = (x^2+3)^6$$

を合成関数の微分を使って微分していきます。

$$\begin{aligned} h'(x) &= \{(x^2+3)^6\}' \\ &= 6(x^2+3)^5 \cdot 2x \\ &= \mathbf{12x(x^2+3)^5} \end{aligned}$$

$u = x^2+3$ とすると、
$y = u^6$
$y' = \dfrac{dy}{dx} = \dfrac{dy}{du} \cdot \dfrac{du}{dx} = 6u^5 \cdot 2x$

ね、拍子抜けするくらい簡単でしょ！

　このように、微分することによって、もとは「12 次式」だった合成関数の式の次数が 1 つ減り、「11 次式」になりました（2 次式の 5 乗 掛ける 1 次式 ＝ 2×5＋1 ＝ 11 次）。あまりにも簡単すぎて式をもっと変形したくなる人がいるかもしれませんが、最後の式はこれが最もスッキリした形なので、あえて展開する必要はありません（展開すると、とても長い多項式になります）。

ライプニッツ先生のおかげで「合成関数の微分」は直感的に理解できる。**たかが記号、と侮ることはできません。**

12 数式変形で導く──積と商の微分

この節では「積の微分」、ならびに「商の微分」と呼ばれる計算技術を説明します。ここに出てくる式変形は決して簡単ではありませんが、丁寧に説明しますので、じっくり取り組んで（読み込んで）みてください。

問題

次の計算が正しいことを証明しなさい。

$$\left\{\frac{f(x)}{g(x)}\right\}' = \frac{f'(x)g(x) - f(x)g'(x)}{\{g(x)\}^2}$$

「なんだ、なんだ？」という声が聞こえてきそうな複雑な式ですが、実はこれがいわゆる「**商の微分**」の公式です。この公式を証明するために、まず「**積の微分**」の公式を導きます。

➤ 積の微分ができれば免許皆伝

今、

$$p(x) = f(x)g(x)$$

とします。この $p(x)$ を定義どおりに微分していきましょう。途中、

$$\lim_{h \to 0} \frac{f(x+h)-f(x)}{h} = f'(x) \quad \cdots ①$$

$$\lim_{h \to 0} \frac{g(x+h)-g(x)}{h} = g'(x) \quad \cdots ②$$

などを使うためにトリッキーな変形をしますので、注意深く追っかけてくださいね。

$$p'(x) = \lim_{h \to 0} \frac{p(x+h)-p(x)}{h}$$

$$= \lim_{h \to 0} \frac{f(x+h)g(x+h)-f(x)g(x)}{h}$$

$$= \lim_{h \to 0} \frac{f(x+h)g(x+h)-\boldsymbol{f(x)g(x+h)}+\boldsymbol{f(x)g(x+h)}-f(x)g(x)}{h}$$

> この赤字のところがミソです。要は分子について
>
> $$A - B = A - C + C - B$$
>
> という変形をしています。目的はただひとつ。
> 式のなかに①式や②式の形をつくることです。

$$= \lim_{h \to 0} \frac{\{f(x+h)-f(x)\}g(x+h)+f(x)\{g(x+h)-g(x)\}}{h}$$

$$= \lim_{h \to 0} \left\{ \frac{f(x+h)-f(x)}{h} g(x+h) + f(x) \cdot \frac{g(x+h)-g(x)}{h} \right\}$$

- $\frac{f(x+h)-f(x)}{h} \to f'(x)$
- $g(x+h) \to g(x)$
- $\frac{g(x+h)-g(x)}{h} \to g'(x)$

$$\frac{ab+cd}{r} = \frac{a}{r} \cdot b + c \cdot \frac{d}{r}$$

> $g(x+h)$は$h \to 0$で$g(x)$に
> なることに注意

$$= f'(x)g(x)+f(x)g'(x)$$

お疲れ様でした！

　数式がずらずらと続くと、それだけで難しそうな気がしてしまうものですし、数式のオンパレードを見るとアレルギーが出てしまう人も少なくないでしょう。でも、前ページの式変形が追っかけられるようになれば、もう怖いものなしです。少なくとも高校数学の範囲では、これ以上にトリッキーで複雑な式変形はほとんどありません。

　余力のある人はこの式変形を白紙に自力で再現してみてください。それができるようになれば、式変形に関して免許皆伝です！

まとめ　積の微分の公式

$$\{f(x)g(x)\}' = f'(x)g(x) + f(x)g'(x)$$

例）

$$\{(x^2+x+1)(x^3+1)\}'$$
$$= (x^2+x+1)'(x^3+1) + (x^2+x+1)(x^3+1)'$$
$$= (2x+1+0)(x^3+1) + (x^2+x+1)(3x^2+0)$$
$$= (2x+1)(x^3+1) + (x^2+x+1) \cdot 3x^2$$
$$= 2x^4 + x^3 + 2x + 1 + 3x^4 + 3x^3 + 3x^2$$
$$= 5x^4 + 4x^3 + 3x^2 + 2x + 1$$

分配法則
$$(A+B)(C+D) = AC + BC + AD + BD$$
$$(A+B)C = AC + BC$$
などの利用

➤ 積の微分の直感的理解

数式が続いたので、前ページの公式を直感的にも理解しておきましょう。下図のように f と g がそれぞれ長方形の横と縦の長さだとします。

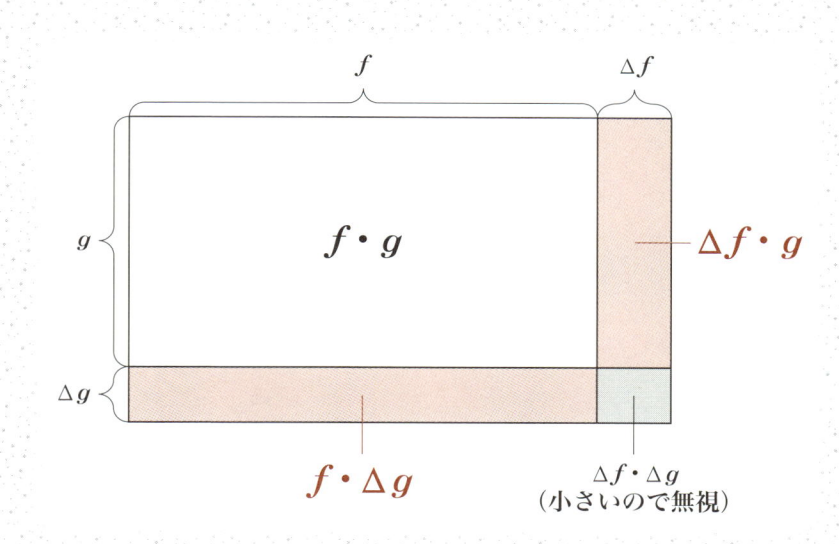

ここで、

$$h = f \cdot g$$

とすると、**h は長方形の面積**ですね。

f と g がそれぞれ x によって決まる数（x の関数）で、x がわずかに変化することによってそれぞれ Δf と Δg だけ増えたとすると、面積としての増加分 Δh は、以下のとおり。

$$\Delta h = \Delta f \cdot g + f \cdot \Delta g + \Delta f \cdot \Delta g$$

ここで Δf と Δg はとても小さい数なので最後の「$\Delta f \cdot \Delta g$」は無視して次のように近似することにします。

注) 1より小さい数どうしを掛けあわせるとさらに小さくなります。
例) $0.01 \times 0.02 = 0.0002$

$$\Delta h \fallingdotseq \Delta f \cdot g + f \cdot \Delta g$$

両辺を Δx で割ると、

$$\frac{\Delta h}{\Delta x} \fallingdotseq \frac{\Delta f \cdot g + f \cdot \Delta g}{\Delta x} = \frac{\Delta f}{\Delta x} \cdot g + f \cdot \frac{\Delta g}{\Delta x}$$

ここで Δx を限りなく小さくします。ライプニッツの記号を使えば、

$$\frac{dh}{dx} = \frac{df}{dx} \cdot g + f \cdot \frac{dg}{dx}$$

Δx を限りなく小さくする極限を取ると「$\Delta f \cdot \Delta g$」が「0」に限りなく近づくことは明白なので「$\fallingdotseq$」は「$=$」になります。

以上より、

$$h' = f'g + fg'$$

であることが分かります！

ではいよいよ、商の微分の公式を証明してみましょう。

解 答

> 積の微分公式を導くときは
> $p(x) = f(x)g(x)$
> とおきましたね。

$$r(x) = \frac{f(x)}{g(x)} \quad \cdots ③$$

とすると、

$$f(x) = r(x)g(x)$$

積の微分の公式を使って

$$f'(x) = \boldsymbol{r'(x)}g(x) + r(x)g'(x)$$

これを $r'(x)$ について解きます（上の式の変形です）。

$$r'(x) = \frac{f'(x) - r(x)g'(x)}{g(x)}$$

よって、

$r(x)$ に③を代入

$$\left\{\frac{f(x)}{g(x)}\right\}' = \frac{f'(x) - \dfrac{f(x)}{g(x)}g'(x)}{g(x)}$$

$\dfrac{B-C}{A} = \dfrac{1}{A}(B-C)$

$$= \frac{1}{g(x)}\left\{f'(x) - \frac{f(x)}{g(x)}g'(x)\right\}$$

{ } のなかを通分

$$= \frac{1}{g(x)}\left\{\frac{f'(x)g(x) - f(x)g'(x)}{g(x)}\right\}$$

$$= \frac{\boldsymbol{f'(x)g(x) - f(x)g'(x)}}{\{g(x)\}^2}$$

できました！

> **まとめ** 商の微分の公式
>
> $$\left\{\frac{f(x)}{g(x)}\right\}' = \frac{f'(x)g(x) - f(x)g'(x)}{\{g(x)\}^2}$$

「商の微分公式」は次のように使います。

$$\begin{aligned}
\left(\frac{x+1}{x^2+1}\right)' &= \frac{(x+1)'(x^2+1) - (x+1)(x^2+1)'}{(x^2+1)^2} \\
&= \frac{(1+0)(x^2+1) - (x+1)(2x+0)}{(x^2+1)^2} \\
&= \frac{(x^2+1) - (x+1) \cdot 2x}{(x^2+1)^2} \\
&= \frac{x^2+1 - (2x^2+2x)}{(x^2+1)^2} \\
&= \frac{x^2+1-2x^2-2x}{(x^2+1)^2} \\
&= \frac{-x^2-2x+1}{(x^2+1)^2}
\end{aligned}$$

➤ 導関数の公式の拡張

また、商の微分の公式を使うと次の重要な公式も導くことができます。

$$(x^{-n})' = \left(\frac{1}{x^n}\right)' = \frac{(1)'x^n - 1 \cdot (x^n)'}{(x^n)^2} \quad (n \text{ は自然数})$$

$$= \frac{0 \cdot x^n - 1 \cdot nx^{n-1}}{x^{2n}}$$

$$= \frac{-nx^{n-1}}{x^{2n}} \quad \boxed{\frac{a^m}{a^n} = a^{m-n}}$$

$$= -nx^{n-1-2n}$$

$$= -nx^{-n-1}$$

$$\boxed{(x^{-n})' = -nx^{-n-1}}$$

今まで使っていた「$(x^n)' = nx^{n-1}$」の公式は、二項定理（P70）から導いたものでしたから、n が自然数（正の整数）のときにしか使えなかったのですが、上の結果から n が負の整数の場合にも使えます。例えば、

$$(x^{-3})' = -3x^{-3-1} = -3x^{-4}$$

と計算してよいことが分かります。これは今後便利に使えそうです♪

> この節は随分と数式が多くなってしまったね。でも**毛嫌い、食わず嫌いさえしなければ、数式を読む力は必ず伸びる**から、頑張って！

13 一気に復習①：三角比と三角関数

ここまで「関数」として扱ってきたのは

$$y = ax + b, \quad y = ax^2 + bx + c, \quad y = ax^3 + bx^2 + cx + d$$

などの「定数×x^n」で表される多項式の関数だけでしたが、せっかく微分を使えるようになったので、高校数学に出てくる他の関数も分析してみたいですよね？　ここではまず三角関数についておさらいします。

問題

三角関数の定義にもとづき、

$$\sin(\alpha + \beta) = \sin\alpha\cos\beta + \cos\alpha\sin\beta$$
$$\cos(\alpha + \beta) = \cos\alpha\cos\beta - \sin\alpha\sin\beta$$

を証明しなさい。　　　　　　　　　　　　　　[1999年　東京大学]

➤ まずは三角比から

直角以外の1つの角度が等しい直角三角形はすべて相似（大きさは違っても形は同じ）になります。

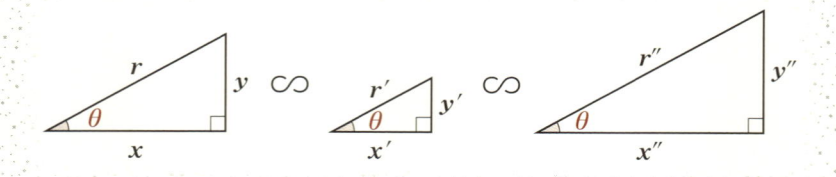

注）「∽」は「相似」を表すマークです。

相似な図形は対応する辺の比が等しくなるので、例えば、

$$\frac{x}{r} = \frac{x'}{r'} = \frac{x''}{r''}, \quad \frac{y}{r} = \frac{y'}{r'} = \frac{y''}{r''}, \quad \frac{y}{x} = \frac{y'}{x'} = \frac{y''}{x''}$$

であることが分かります。これらの比（分数の値）は直角以外の1つの角度 θ だけで決まりますが、θ の簡単な式で表すことはできないので、それぞれに $\cos\theta$（コサイン）, $\sin\theta$（サイン）, $\tan\theta$（タンジェント）と名前をつけました。

$$\frac{x}{r} = \frac{x'}{r'} = \frac{x''}{r''} = \cos\theta, \quad \frac{y}{r} = \frac{y'}{r'} = \frac{y''}{r''} = \sin\theta, \quad \frac{y}{x} = \frac{y'}{x'} = \frac{y''}{x''} = \tan\theta$$

注）ちなみに、これらの逆数にも $\sec\theta$（セカント）, $\mathrm{cosec}\,\theta$（コセカント）, $\cot\theta$（コタンジェント）という名前がついていますが、これらは高校数学には出てきません。

$$\frac{r}{x} = \frac{1}{\cos\theta} = \sec\theta, \quad \frac{r}{y} = \frac{1}{\sin\theta} = \mathrm{cosec}\,\theta, \quad \frac{x}{y} = \frac{1}{\tan\theta} = \cot\theta$$

$$\frac{x}{r} = \cos\theta, \quad \frac{y}{r} = \sin\theta$$

より、分母を払うと（両辺を r 倍すると）

$$\boldsymbol{x = r\cos\theta, \quad y = r\sin\theta}$$

になります。これを図にすると、次ページ上段のようになります。

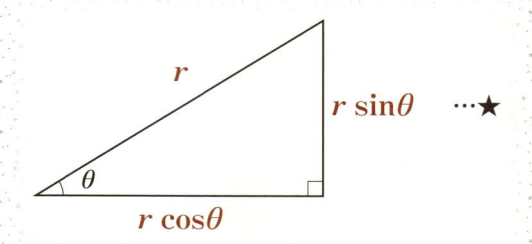

上図を使えば、

$$\frac{y}{x} = \tan\theta$$

より、

$$\frac{y}{x} = \frac{r\sin\theta}{r\cos\theta} = \frac{\sin\theta}{\cos\theta} = \tan\theta$$

であることもすぐに分かりますね。

注）読者のなかには下図のように、

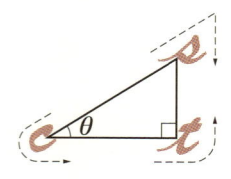

アルファベットの小文字 s，c，t の筆記体で暗記した人もいるはず。でも直角三角形は直角以外の角度が同じならば必ず相似になることを理解した上で★の図を頭に入れたほうが、三角比を三角関数に拡張したり、「三角関数の相互関係」を理解したりするのに役立ちます。これについては後述します。

➤ 度数法からラジアン（弧度法）へ

ところで小学校のときから私たちは、角度を表す際に1周を360°とする、いわゆる「度数法（360度法）」を使ってきました。「360」という数字が選ばれたのは、1年の日数365に近くて約数が多いからだと言われています。

確かに1周を360°にしておけば、例えばホールケーキを12人で分けたい場合などは計算が楽にすみますね。

ただし、下図のような扇形の弧の長さを求めようとするときには「1周＝360°」は決して便利ではありません。

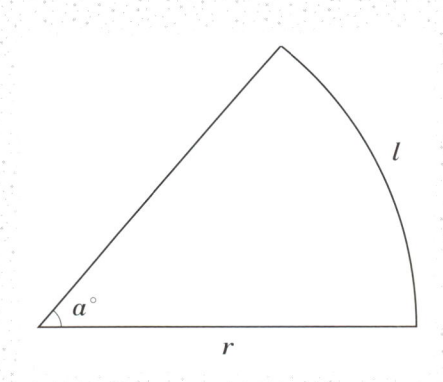

半径が r の円の円周は $2\pi r$（π：円周率）なので、

$$l = 2\pi r \times \frac{a}{360} = r \times \frac{a\pi}{180}$$

ここで、$\frac{a\pi}{180}$ なんていう不格好な形が出てきてしまうのは、1周が360°のせいです。そこで扇形の弧の長さ l が単に「半径 × 角度」になるような新しい角度の表し方を考えることにしました。

すなわち、

$$l = r \times \theta$$

になるようにするのです。前ページの式と見比べれば、

$$\theta = \frac{a\pi}{180}$$

であればよいことが分かりますね。この新しい表し方は「**ラジアン**」という名前になりました。$l = r\theta$ より

$$\theta = \frac{l}{r}$$

となり、**半径に対する弧の長さの割合で角度を表現**することになるので、ラジアンを使って角度を表すことを**弧度法**と言います。

また、度数法を使うと扇形の面積 S は

$$S = r^2\pi \times \frac{a}{360}$$

ですが、弧度法を使えば、

$\boxed{\dfrac{a\pi}{180} = \theta}$

$$S = r^2\pi \times \frac{a}{360} = r^2 \times \frac{1}{2} \times \frac{a\pi}{180} = \frac{1}{2}r^2\theta$$

と、簡単に表すことができます。

まとめ　ラジアン（弧度法）

a を度数法（360度法）による角度とすると

$$\theta = \frac{a\pi}{180} \quad [\text{ラジアン}]$$

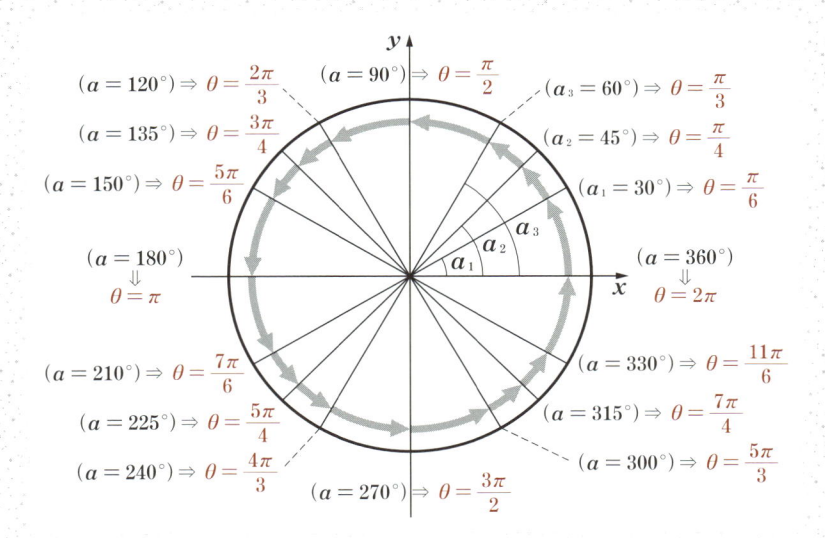

$(a = 120°) \Rightarrow \theta = \dfrac{2\pi}{3}$

$(a = 90°) \Rightarrow \theta = \dfrac{\pi}{2}$

$(a_3 = 60°) \Rightarrow \theta = \dfrac{\pi}{3}$

$(a = 135°) \Rightarrow \theta = \dfrac{3\pi}{4}$

$(a_2 = 45°) \Rightarrow \theta = \dfrac{\pi}{4}$

$(a = 150°) \Rightarrow \theta = \dfrac{5\pi}{6}$

$(a_1 = 30°) \Rightarrow \theta = \dfrac{\pi}{6}$

$(a = 180°) \Downarrow \theta = \pi$

$(a = 360°) \Downarrow \theta = 2\pi$

$(a = 210°) \Rightarrow \theta = \dfrac{7\pi}{6}$

$(a = 330°) \Rightarrow \theta = \dfrac{11\pi}{6}$

$(a = 225°) \Rightarrow \theta = \dfrac{5\pi}{4}$

$(a = 315°) \Rightarrow \theta = \dfrac{7\pi}{4}$

$(a = 240°) \Rightarrow \theta = \dfrac{4\pi}{3}$

$(a = 300°) \Rightarrow \theta = \dfrac{5\pi}{3}$

$(a = 270°) \Rightarrow \theta = \dfrac{3\pi}{2}$

➤ 三角比から三角関数へ

ラジアン（弧度法）を用意したのにはもう1つ理由があります。それは三角比を三角関数に拡張するためです。例えば、

$$y = \cos x$$

という「関数」を考えようとするとき、x に「度数法（360度法）」を使うと、x は「〜°」と表される単位を持つ量であるのに対して、y は比の値なので単位を持たない「実数」です。つまり x と y で数の「種類」が違うことになってしまいます。

関数において入力と違う種類の数が出力として出てきてしまうのは、絶対にあり得ないわけではありませんが、いろいろと煩わしい事態になります。しかし、角度にラジアンを使っておけば、x も y も「比の値（実数）」になって都合がよいのです。そんなわけで今後はラジアンを使わせていただきます。

ところで、冒頭の「三角比」はあくまで直角三角形の各辺の比なので、θ は、

$$0 < \theta < \frac{\pi}{2} \quad (90°)$$

の値しか取れません。

そこで！

次のような**新しい定義**を導入して θ として選べる値の範囲を拡大します。そうすれば、θ には自由な値を選ぶことができ、「三角比」は直角三角形から解き放たれて「**三角関数**」に格上げになります。

> **まとめ** 三角関数の定義
>
> 原点を中心とする半径 **1** の円（単位円と言います）周上にあって、x 軸の正の方向から反時計回りに角度 θ を取った点の座標を $(\cos\theta, \sin\theta)$ とする。
>
> また、$\tan\theta$ は $\tan\theta = \dfrac{\sin\theta}{\cos\theta}$ で定める。

注）このように定義をしておけば、θ には任意の実数を使うことができます。また**時計回りに進む角度**は「**負の角度**」として定義されます。

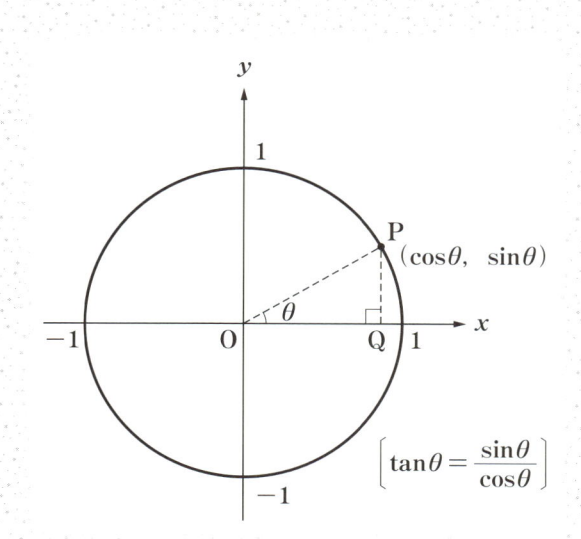

$$\left[\tan\theta = \frac{\sin\theta}{\cos\theta}\right]$$

　上図で △OPQ に注目すると、**三平方の定理**（斜辺の 2 乗は他の 2 辺の 2 乗の和に等しい）が使えて、

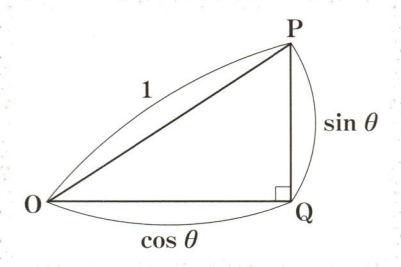

$$1^2 = (\cos\theta)^2 + (\sin\theta)^2$$
$$\therefore \quad \cos^2\theta + \sin^2\theta = 1$$

注)∴は「ゆえに」という意味の記号です。また、
$$(\cos\theta)^2 = \cos^2\theta, \quad (\sin\theta)^2 = \sin^2\theta$$
と書くのは慣例です。おそらく、$\cos\theta^2$ と書くと「θ^2」に対する三角関数のように見えてしまうからだと思います。

これは、$\tan\theta$ の定義と合わせていわゆる**三角関数の相互関係**と呼ばれるもので、三角関数どうしの変換を行う際などに大変に重要です。

まとめ　三角関数の相互関係

$$\tan\theta = \frac{\sin\theta}{\cos\theta}$$

$$\cos^2\theta + \sin^2\theta = 1$$

➤ 負角・余角の公式

三角関数の定義にしたがって図を書けば、次のような公式が導けます。

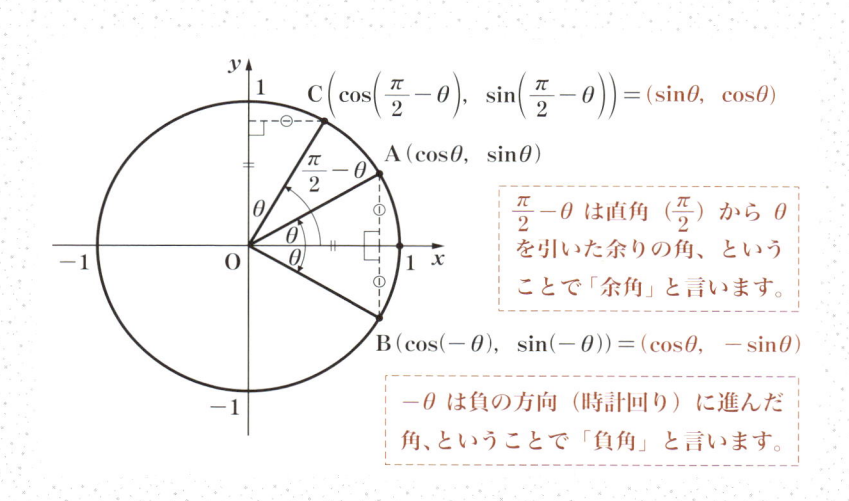

$$C\left(\cos\left(\frac{\pi}{2}-\theta\right),\ \sin\left(\frac{\pi}{2}-\theta\right)\right)=(\sin\theta,\ \cos\theta)$$

$A(\cos\theta,\ \sin\theta)$

$\dfrac{\pi}{2}-\theta$ は直角 $\left(\dfrac{\pi}{2}\right)$ から θ を引いた余りの角、ということで「余角」と言います。

$B(\cos(-\theta),\ \sin(-\theta))=(\cos\theta,\ -\sin\theta)$

$-\theta$ は負の方向（時計回り）に進んだ角、ということで「負角」と言います。

今、単位円（半径が 1 の円）上に x 軸の正の向きから角度 θ を取った $A(\cos\theta,\ \sin\theta)$ を用意します。次に A とは反対向き（負の向き）に角度 θ を取った点 $B(\cos(-\theta),\ \sin(-\theta))$ を取ると、B は A と x 軸に関して対称になるので、x 座標は同じで、y 座標は符号が逆になりますね。すなわち、

$$(\cos(-\theta),\ \sin(-\theta))=(\cos\theta,\ -\sin\theta)\quad \text{［負角の公式］}$$

です。次に y 軸の正の方向から負の向きに角度 θ を取った点 C を用意すると、図より C の x 座標 ＝ A の y 座標、C の y 座標 ＝ A の x 座標なので、

$$\left(\cos\left(\frac{\pi}{2}-\theta\right),\ \sin\left(\frac{\pi}{2}-\theta\right)\right)=(\sin\theta,\ \cos\theta)\quad \text{［余角の公式］}$$

まとめ 負角・余角の公式

$$\cos(-\theta) = \cos\theta, \quad \sin(-\theta) = -\sin\theta$$
$$\cos\left(\frac{\pi}{2} - \theta\right) = \sin\theta, \quad \sin\left(\frac{\pi}{2} - \theta\right) = \cos\theta$$

➤ ［補足］2 点間の距離の公式

冒頭の問題を解くために必要な「2 点間の距離の公式」も確認しておきましょう。やはり三平方の定理を使います。

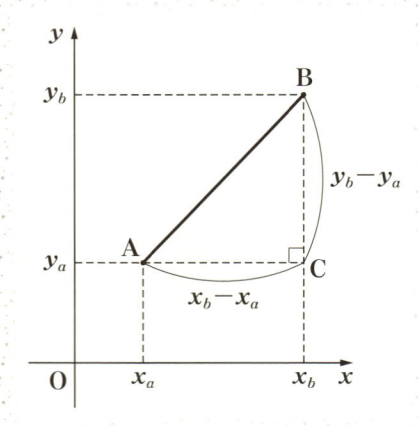

今、上図のように $A(x_a, y_a)$ と $B(x_b, y_b)$ という点があるとします。三平方の定理より、

$$AB^2 = AC^2 + BC^2$$

ですから、

$$AB^2 = (x_b - x_a)^2 + (y_b - y_a)^2$$
$$\therefore \quad \mathbf{AB} = \sqrt{(x_b - x_a)^2 + (y_b - y_a)^2}$$

これで下準備は完了です。いよいよ問題にとりかかります。

解答

問題は 106 ページ

$\sin(\alpha+\beta) = \sin\alpha\cos\beta + \cos\alpha\sin\beta, \quad \cos(\alpha+\beta) = \cos\alpha\cos\beta - \sin\alpha\sin\beta$

の 2 式を証明していきます。

定義どおりに考えると $(\cos(\alpha+\beta),\ \sin(\alpha+\beta))$ という点は単位円上の x 軸の正の方向から角度 $\alpha+\beta$ を取った点ですね。今、下図のように A, P, Q, R を用意しましょう。

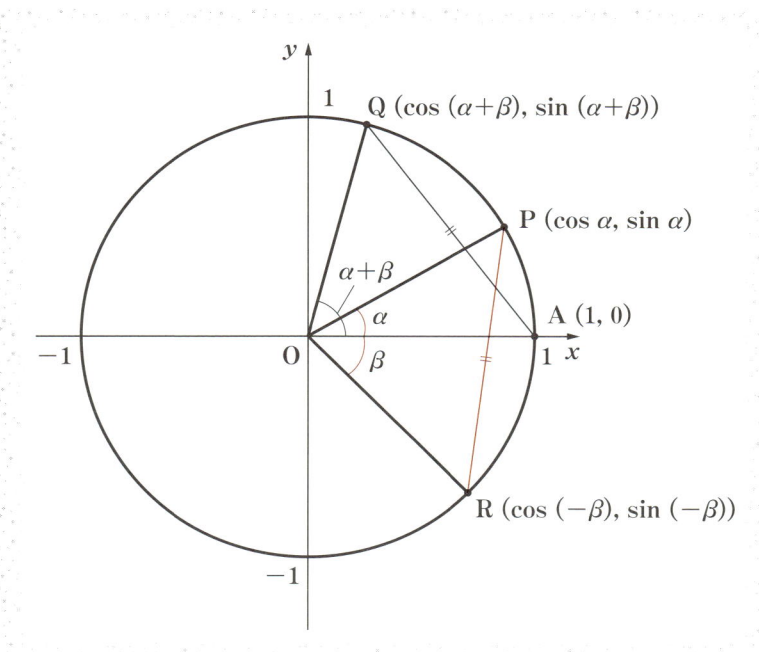

各点の座標は次のとおり。

$$A(1,\ 0)$$
$$P(\cos\alpha,\ \sin\alpha)$$
$$Q(\cos(\alpha+\beta),\ \sin(\alpha+\beta))$$
$$R(\cos(-\beta),\ \sin(-\beta))=R(\cos\beta,\ -\sin\beta)$$

R の座標には**負角の公式**を使いました。図より RP を原点のまわりに β だけ回転すると AQ に重なることは明らかなので、

$$AQ = RP$$

ここで **2 点間の距離の公式**を用いると、

$$\sqrt{\{\cos(\alpha+\beta)-1\}^2+\{\sin(\alpha+\beta)-0\}^2}=\sqrt{(\cos\beta-\cos\alpha)^2+(-\sin\beta-\sin\alpha)^2}$$

両辺を 2 乗してから展開します。

$(a+b)^2 = a^2+2ab+b^2$
$(a-b)^2 = a^2-2ab+b^2$

$(-\sin\beta-\sin\alpha)^2 = \{-(\sin\beta+\sin\alpha)\}^2$
$\qquad\qquad\qquad\quad = (\sin\beta+\sin\alpha)^2$

$$\cos^2(\alpha+\beta)-2\cos(\alpha+\beta)+1^2+\sin^2(\alpha+\beta)$$
$$=\cos^2\beta-2\cos\beta\cos\alpha+\cos^2\alpha+\sin^2\beta+2\sin\beta\sin\alpha+\sin^2\alpha$$

三角関数の相互関係より「$\cos^2\theta+\sin^2\theta=1$」であることに注意すると、上の式は次のように整理できます。

$$2 - 2\cos(\alpha+\beta) = 2 - 2\cos\beta\cos\alpha + 2\sin\beta\sin\alpha \quad \fbox{-2}$$
$$\Leftrightarrow \quad -2\cos(\alpha+\beta) = -2\cos\beta\cos\alpha + 2\sin\beta\sin\alpha \quad \fbox{$\div(-2)$}$$
$$\Leftrightarrow \quad \cos(\alpha+\beta) = \cos\alpha\cos\beta - \sin\alpha\sin\beta \quad \cdots ①$$

これでコサインのほうの証明はできました。

サインのほうは①に先ほどの「負角・余角の公式」を使えば比較的簡単に導けます。

$$\begin{aligned}
\sin(\alpha+\beta) &= \cos\left\{\frac{\pi}{2}-(\alpha+\beta)\right\} \\
&= \cos\left\{\left(\frac{\pi}{2}-\alpha\right)+(-\beta)\right\} \\
&= \cos\left(\frac{\pi}{2}-\alpha\right)\cos(-\beta) - \sin\left(\frac{\pi}{2}-\alpha\right)\sin(-\beta) \\
&= \sin\alpha\cos\beta - \cos\alpha(-\sin\beta) \\
&= \sin\alpha\cos\beta + \cos\alpha\sin\beta
\end{aligned}$$

余角の公式より
$$\sin\theta = \cos\left(\frac{\pi}{2}-\theta\right)$$

①より

余角＆負角の公式

と変形できます。（証明終）

　ここで証明した式はいわゆる**「加法定理」**と呼ばれるものです。「咲いたコスモスコスモス咲いた」とか「コスモスコスモス咲かない咲かない」（「咲かない」の「ない」が「−（マイナス）」であることも合わせて覚えないとダメだとか……）などと何度も唱えて頭に入れた人も多いでしょう。

　そんな有名な公式の、しかも教科書に必ず載っている証明が東大の入試に出たということで、当時はかなり話題になりました。

公式はいつも**結果よりもプロセスのほうが大事**。使う公式はいつでも自分で導けるようにしておこう！

➤ 【補足】三角関数の有名な値とグラフ

　三角関数のグラフがどのようになるかについてはまだお話ししていませんでした。実は三角関数の値がどのように変化していくのかを厳密に捉えて、グラフを描くのは簡単ではありません。

　そこで高校数学ではふつう、三角関数の「**有名な値**」を用いて、それらを滑らかにつなぐことで三角関数のグラフを描くことになっています。大雑把な話ですが、それでも大体の様子は分かりますので、本書でも同じようにしたいと思います。

➤ 有名な直角三角形

　三角関数の有名な値は「有名な直角三角形」を使って計算されたものです。有名な直角三角形というのは、三角定規になっている2つの直角三角形で、下の2つのことを言います。

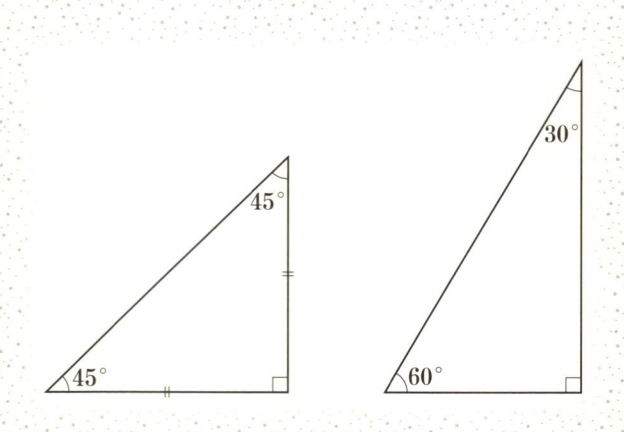

　左の直角三角形は二等辺三角形なので、斜辺（いちばん長い辺）の長さを1とすると残りの辺の長さは三平方の定理を使って次のように計算できます。

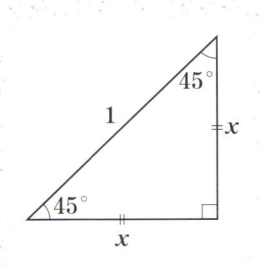

$$x^2 + x^2 = 1^2$$
$$2x^2 = 1$$
$$x^2 = \frac{1}{2}$$
$$x = \frac{1}{\sqrt{2}}$$

また 30°と 60°の直角三角形は正三角形の半分です。このことと三平方の定理を使って各辺の長さを出します（やはり斜辺の長さは 1 とします）。

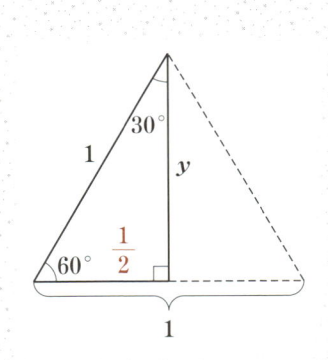

$$\left(\frac{1}{2}\right)^2 + y^2 = 1^2$$
$$y^2 = 1^2 - \left(\frac{1}{2}\right)^2$$
$$= 1 - \frac{1}{4}$$
$$= \frac{3}{4}$$
$$y = \frac{\sqrt{3}}{2}$$

以上より、有名な直角三角形の各辺の長さは、斜辺の長さを 1 とすると次のようになります。

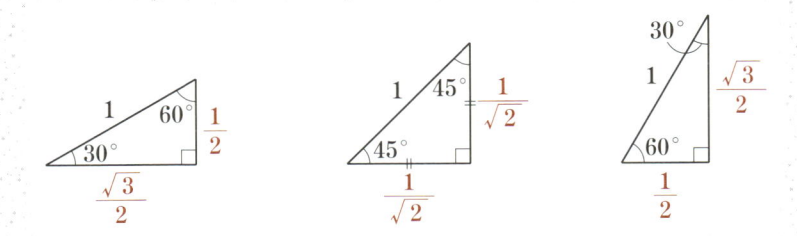

➤ 三角関数の有名な値

下図は有名な直角三角形の各辺の長さを使って、半径1の円上の点の座標を求めたものです。

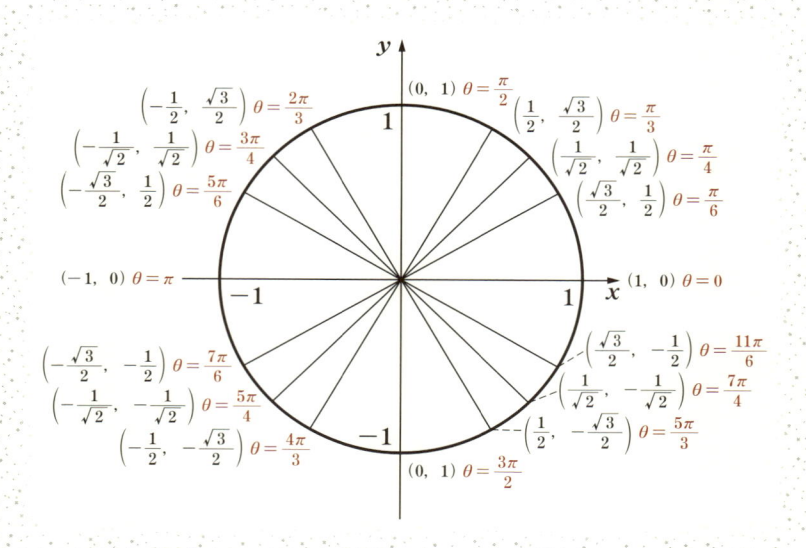

三角関数の定義によると、この各点の座標が $(\cos\theta,\ \sin\theta)$ でしたね。$\theta=0$ の点から $\cos\theta$ だけを拾っていくと次のようになります。

$$1 \to \frac{\sqrt{3}}{2} \to \frac{1}{\sqrt{2}} \to \frac{1}{2} \to 0 \to -\frac{1}{2} \to -\frac{1}{\sqrt{2}} \to -\frac{\sqrt{3}}{2}$$

$$\to -1 \to -\frac{\sqrt{3}}{2} \to -\frac{1}{\sqrt{2}} \to -\frac{1}{2} \to 0 \to \frac{1}{2} \to \frac{1}{\sqrt{2}} \to \frac{\sqrt{3}}{2}$$

縦軸に y、横軸に θ を取った座標軸上にこれらの値を書き込んで滑らかにつないだものが $y=\cos\theta$ のグラフです。

《$y = \cos\theta$ のグラフ》

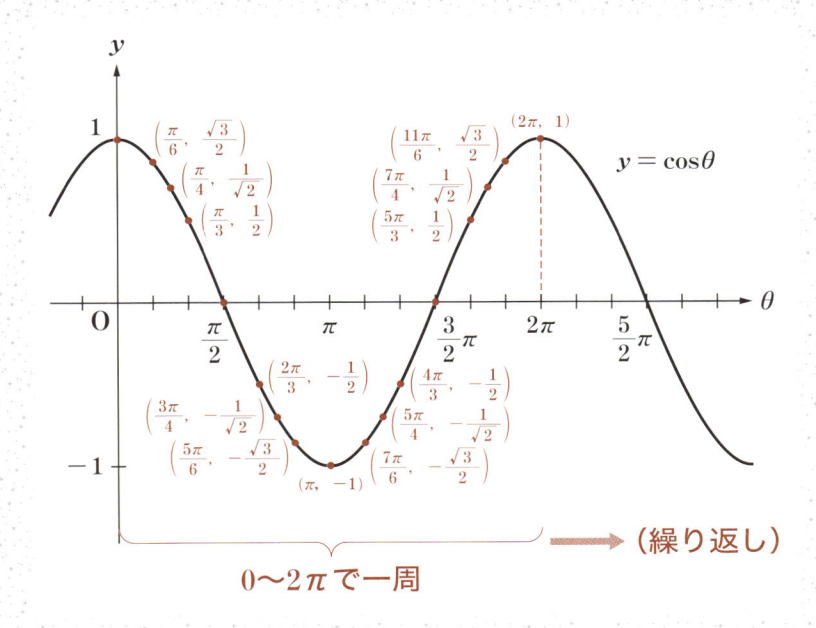

図中の点:
$\left(\dfrac{\pi}{6}, \dfrac{\sqrt{3}}{2}\right)$, $\left(\dfrac{\pi}{4}, \dfrac{1}{\sqrt{2}}\right)$, $\left(\dfrac{\pi}{3}, \dfrac{1}{2}\right)$, $\left(\dfrac{2\pi}{3}, -\dfrac{1}{2}\right)$, $\left(\dfrac{3\pi}{4}, -\dfrac{1}{\sqrt{2}}\right)$, $\left(\dfrac{5\pi}{6}, -\dfrac{\sqrt{3}}{2}\right)$, $(\pi, -1)$, $\left(\dfrac{7\pi}{6}, -\dfrac{\sqrt{3}}{2}\right)$, $\left(\dfrac{5\pi}{4}, -\dfrac{1}{\sqrt{2}}\right)$, $\left(\dfrac{4\pi}{3}, -\dfrac{1}{2}\right)$, $\left(\dfrac{5\pi}{3}, \dfrac{1}{2}\right)$, $\left(\dfrac{7\pi}{4}, \dfrac{1}{\sqrt{2}}\right)$, $\left(\dfrac{11\pi}{6}, \dfrac{\sqrt{3}}{2}\right)$, $(2\pi, 1)$

$0 \sim 2\pi$ で一周 → （繰り返し）

一方、「三角関数の有名な値の図」で $\theta = 0$ の点から $\sin\theta$ だけを拾っていくと次のようになります。

$$0 \to \dfrac{1}{2} \to \dfrac{1}{\sqrt{2}} \to \dfrac{\sqrt{3}}{2} \to 1 \to \dfrac{\sqrt{3}}{2} \to \dfrac{1}{\sqrt{2}} \to \dfrac{1}{2}$$

$$\to 0 \to -\dfrac{1}{2} \to -\dfrac{1}{\sqrt{2}} \to -\dfrac{\sqrt{3}}{2} \to -1 \to -\dfrac{\sqrt{3}}{2} \to -\dfrac{1}{\sqrt{2}} \to -\dfrac{1}{2}$$

同様にこれらの値を書き込んで滑らかにつないだものが、次ページの $y = \sin\theta$ のグラフです。

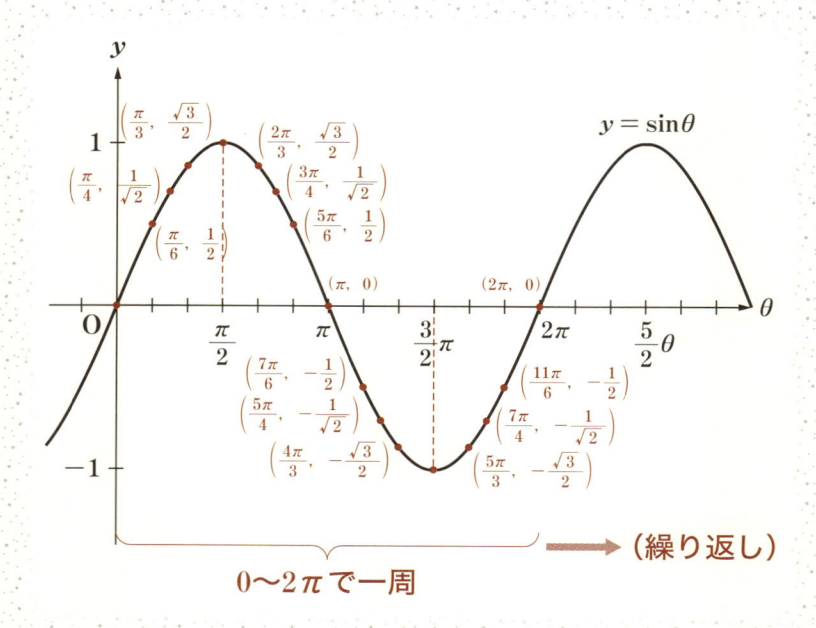

《$y = \sin\theta$ のグラフ》

[グラフ: $y = \sin\theta$ のグラフ。主な点として $\left(\dfrac{\pi}{6}, \dfrac{1}{2}\right)$, $\left(\dfrac{\pi}{4}, \dfrac{1}{\sqrt{2}}\right)$, $\left(\dfrac{\pi}{3}, \dfrac{\sqrt{3}}{2}\right)$, $\left(\dfrac{2\pi}{3}, \dfrac{\sqrt{3}}{2}\right)$, $\left(\dfrac{3\pi}{4}, \dfrac{1}{\sqrt{2}}\right)$, $\left(\dfrac{5\pi}{6}, \dfrac{1}{2}\right)$, $(\pi, 0)$, $\left(\dfrac{7\pi}{6}, -\dfrac{1}{2}\right)$, $\left(\dfrac{5\pi}{4}, -\dfrac{1}{\sqrt{2}}\right)$, $\left(\dfrac{4\pi}{3}, -\dfrac{\sqrt{3}}{2}\right)$, $\left(\dfrac{5\pi}{3}, -\dfrac{\sqrt{3}}{2}\right)$, $\left(\dfrac{7\pi}{4}, -\dfrac{1}{\sqrt{2}}\right)$, $\left(\dfrac{11\pi}{6}, -\dfrac{1}{2}\right)$, $(2\pi, 0)$ 。0～2π で一周、以降繰り返し。]

$y = \cos\theta$ と $y = \sin\theta$ のグラフで何と言っても特徴的なのは、2π（360°）を周期として**同じ形が波のように繰り返される**ことです。このような関数のことを「**周期関数**」と言います。

また、$y = \cos\theta$ と $y = \sin\theta$ のグラフは同じ形をしていて $y = \cos\theta$ のグラフを θ 軸の正の方向に「$\dfrac{\pi}{2}$」だけ平行移動すると $y = \sin\theta$ のグラフに重なることも注意したいところです。

さて、残るは $\tan\theta$ ですが、$\tan\theta$ のグラフを描くには、

$$\tan\theta = \dfrac{\sin\theta}{\cos\theta}$$

を使って、それぞれの値を計算する必要があります。ここではその結果だけを表にまとめます。

θ	0	$\frac{\pi}{6}$	$\frac{\pi}{4}$	$\frac{\pi}{3}$	$\frac{\pi}{2}$	$\frac{2\pi}{3}$	$\frac{3\pi}{4}$	$\frac{5\pi}{6}$	π	$\frac{7\pi}{6}$	$\frac{5\pi}{4}$	$\frac{4\pi}{3}$	$\frac{3\pi}{2}$	$\frac{5\pi}{3}$	$\frac{7\pi}{4}$	$\frac{11\pi}{6}$	2π
$\tan\theta$	0	$\frac{1}{\sqrt{3}}$	1	$\sqrt{3}$	/	$-\sqrt{3}$	-1	$-\frac{1}{\sqrt{3}}$	0	$\frac{1}{\sqrt{3}}$	1	$\sqrt{3}$	/	$-\sqrt{3}$	-1	$-\frac{1}{\sqrt{3}}$	0

注）上の表で $\theta = \frac{\pi}{2}$ のときと $\theta = \frac{3\pi}{2}$ のときは $\tan\theta$ の値が「無い」ことに注意してください。理由は「$\tan\theta = \frac{\sin\theta}{\cos\theta}$」の分母の $\cos\theta$ が0になってしまうからです。

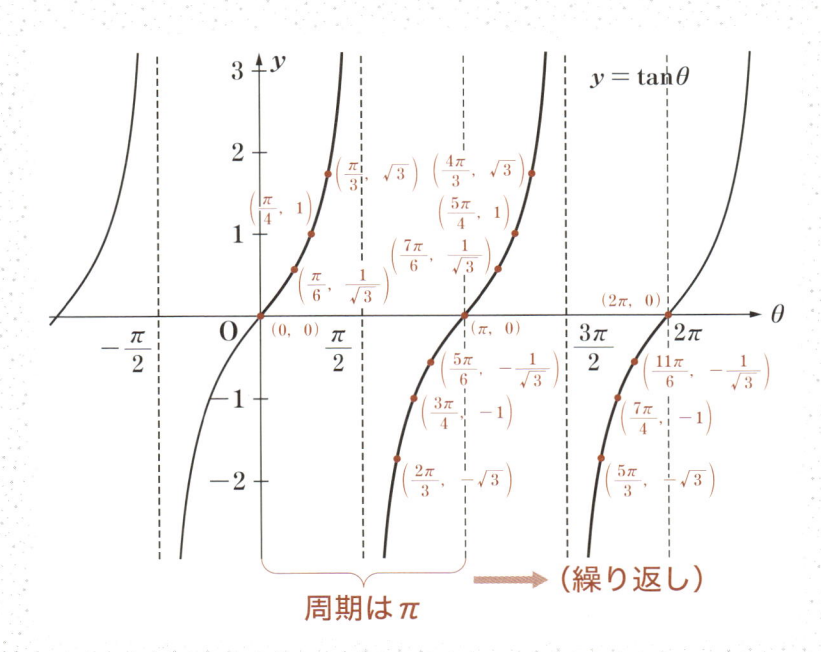

《$y = \tan\theta$ のグラフ》

注）$\tan\theta$ も同じく周期関数ですが、周期は π です。

14 扇形で考える――三角関数の微分

　前節は、高校の授業に換算すると2ヶ月分ほどの内容をギュッと圧縮しましたので、三角関数を初めて勉強する人や忘れてしまった人には、なかなか歯応えがあったと思います（お疲れ様でした）。

　本節ではいよいよ三角関数を微分していきます！　これまで学んだことが**結実していくのは、ちょっとした快感**ですよ♪

問題

次の関数を微分しなさい。

$$y = \tan x$$

三角関数の相互関係（P114）より、

$$\tan x = \frac{\sin x}{\cos x}$$

でしたね。これと**商の微分公式**（P104）を使えば、

$$(\tan x)' = \left(\frac{\sin x}{\cos x}\right)' = \frac{(\sin x)' \cos x - \sin x (\cos x)'}{(\cos x)^2} \quad \boxed{\left\{\frac{f(x)}{g(x)}\right\}' = \frac{f'(x)g(x) - f(x)g'(x)}{\{g(x)\}^2}}$$

となります。

　つまり、$\sin x$ と $\cos x$ を微分する（導関数を求める）ことができれば、$\tan x$ を微分することもできるわけです。

➤ 三角関数の基本極限

$\sin x$ や $\cos x$ を微分するということは、導関数の定義（P81）にしたがって、以下の式のそれぞれの極限を求めることです。

$$(\sin x)' = \lim_{h \to 0} \frac{\sin(x+h) - \sin x}{h}$$

$$(\cos x)' = \lim_{h \to 0} \frac{\cos(x+h) - \cos x}{h}$$

式のなかに出てくる「$\sin(x+h)$」や「$\cos(x+h)$」は前節で学んだ加法定理（P119）を使って展開できそうですが、それだけではまだこれらの極限を求めることはできません。

これらの極限を求めるためには、三角関数の基本的な極限を知っておく必要があります。それを先に学んでおきましょう。

まず下図のような**半径 1 の扇形 OAB** に内̇接̇する**直角三角形 OPB** と、外̇接̇する**直角三角形 OAQ** を考えます。

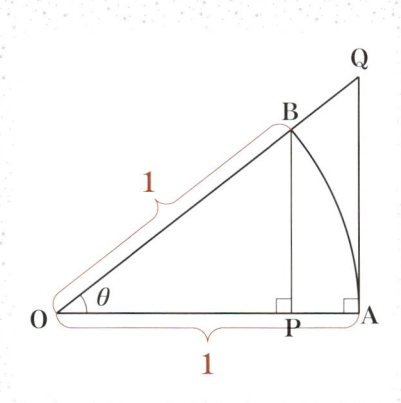

この 3 つの図形の面積を考えると、明らかに

$$\triangle \text{OPB} \leqq \text{扇形OAB} \leqq \triangle \text{OAQ}$$

であることが分かります。

さあ、いよいよここから、今まで学んだことが次々とつながっていきますよ！

前節で学んだことのおさらいから。

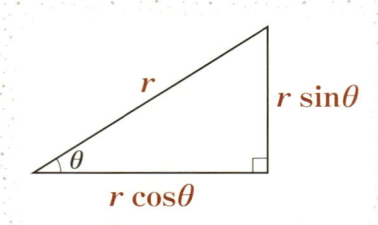

$$\frac{y}{x} = \tan\theta \quad \Rightarrow \quad y = x \cdot \tan\theta$$

弧度法を使うと、扇形の面積 S が

$$S = \frac{1}{2}r^2\theta$$

となること（P110）などを使えば、それぞれの面積は

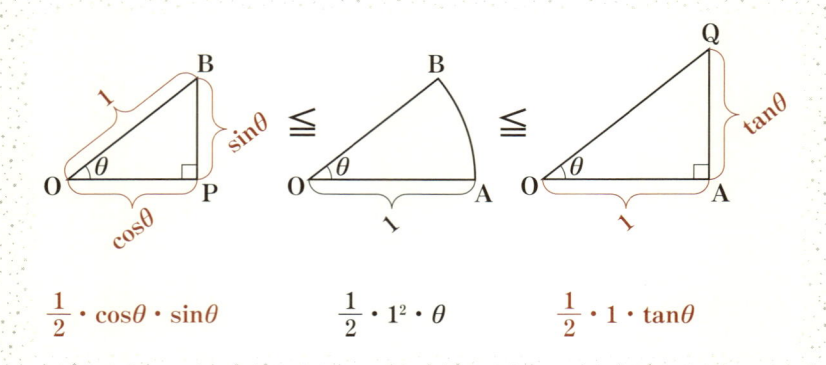

$$\frac{1}{2} \cdot \cos\theta \cdot \sin\theta \qquad \frac{1}{2} \cdot 1^2 \cdot \theta \qquad \frac{1}{2} \cdot 1 \cdot \tan\theta$$

なので、これを不等式で表すと、

$$\frac{1}{2}\cdot\cos\theta\cdot\sin\theta \leqq \frac{1}{2}\cdot 1^2\cdot\theta \leqq \frac{1}{2}\cdot 1\cdot\tan\theta$$

$\Rightarrow \quad \cos\theta\sin\theta \leqq \theta \leqq \tan\theta$ ×2

$\Rightarrow \quad \cos\theta\sin\theta \leqq \theta \leqq \dfrac{\sin\theta}{\cos\theta}$ $\quad \tan\theta = \dfrac{\sin\theta}{\cos\theta}$

$\Rightarrow \quad \cos\theta \leqq \dfrac{\theta}{\sin\theta} \leqq \dfrac{1}{\cos\theta}$ $\quad \div\sin\theta$

さあ、ここで θ を限りなく 0 に近づけてみましょう。下図は三角関数の定義 (P113) で登場した図ですが、$\theta = 0$ のとき P は (1, 0) に重なるので、

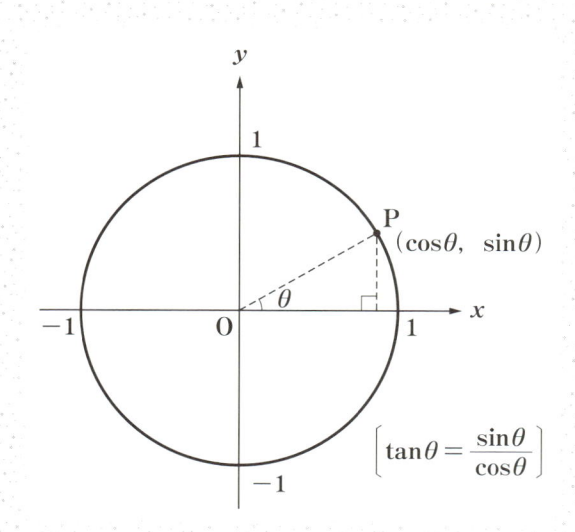

$$(\cos 0,\ \sin 0) = (1,\ 0)$$

ですね。

よって、
$$\lim_{\theta \to 0} \cos\theta = 1$$
$$\lim_{\theta \to 0} \frac{1}{\cos\theta} = \frac{1}{1} = 1$$

です（代入しただけ）。ただし、
$$\lim_{\theta \to 0} \frac{\theta}{\sin\theta}$$

は θ に 0 を代入すると、いわゆる「$\frac{0}{0}$ 型」になってしまいます。「$\frac{0}{0}$ 型」は分母を 0 にする要因を消去することを考えるのが定石でした（P46）が、今回は簡単には消せそうにありません。

こんなときは次のように考えます。
$$\cos\theta \leqq \frac{\theta}{\sin\theta} \leqq \frac{1}{\cos\theta}$$
$$\Rightarrow \quad \lim_{\theta \to 0}\cos\theta \leqq \lim_{\theta \to 0}\frac{\theta}{\sin\theta} \leqq \lim_{\theta \to 0}\frac{1}{\cos\theta}$$
$$\Rightarrow \quad 1 \leqq \lim_{\theta \to 0}\frac{\theta}{\sin\theta} \leqq 1$$

こうすると、$\lim_{\theta \to 0}\frac{\theta}{\sin\theta}$ は 1 以上で 1 以下だということなります。

ということは……
$$\lim_{\theta \to 0}\frac{\theta}{\sin\theta} = 1$$

です！　このままでもよいのですが、この極限はふつう分母と分子を逆さにした形で教科書などには載っています。
$$\lim_{\theta \to 0}\frac{\sin\theta}{\theta} = 1 \quad \cdots ①$$

注） $\lim_{x \to a} g(x) = p$, $\lim_{x \to a} h(x) = p$ のとき、

$$g(x) \leqq f(x) \leqq h(x)$$

ならば、

$$\lim_{x \to a} g(x) \leqq \lim_{x \to a} f(x) \leqq \lim_{x \to a} h(x)$$
$$\Rightarrow \quad p \leqq \lim_{x \to a} f(x) \leqq p$$

より、

$$\lim_{x \to a} f(x) = p$$

と考えることを数学では「**はさみ打ちの原理**」と言います。

　$\sin x$ や $\cos x$ の微分に必要になる基本極限はもう 1 つあります。それは①を使って計算できる次の極限です。

$$\begin{aligned}
\lim_{\theta \to 0} \frac{1-\cos\theta}{\theta^2} &= \lim_{\theta \to 0} \frac{1-\cos\theta}{\theta^2} \times \frac{1+\cos\theta}{1+\cos\theta} \\
&= \lim_{\theta \to 0} \frac{1^2 - \cos^2\theta}{\theta^2(1+\cos\theta)} \\
&= \lim_{\theta \to 0} \frac{1-\cos^2\theta}{\theta^2} \times \frac{1}{1+\cos\theta} \\
&= \lim_{\theta \to 0} \frac{\sin^2\theta}{\theta^2} \times \frac{1}{1+\cos\theta} \\
&= \lim_{\theta \to 0} \left(\frac{\sin\theta}{\theta}\right)^2 \times \frac{1}{1+\cos\theta} \\
&= 1^2 \times \frac{1}{1+1} \\
&= \frac{1}{2}
\end{aligned}$$

$(a-b)(a+b) = a^2 - b^2$

$\cos^2\theta + \sin^2\theta = 1$
$\Rightarrow \quad 1 - \cos^2\theta = \sin^2\theta$

$\lim_{\theta \to 0} \frac{\sin\theta}{\theta} = 1$
$\lim_{\theta \to 0} \cos\theta = 1$

以上の 2 つが三角関数の基本極限です。

> **まとめ** 三角関数の基本極限
>
> $$\lim_{\theta \to 0} \frac{\sin\theta}{\theta} = 1$$
>
> $$\lim_{\theta \to 0} \frac{1 - \cos\theta}{\theta^2} = \frac{1}{2}$$

➤ $\sin x$ と $\cos x$ の導関数

上の極限公式と前節で証明した「加法定理」(P119) を使って、いよいよ $\sin x$ と $\cos x$ の導関数を求めていきましょう。最初は導関数の定義から出発します。

$$
\begin{aligned}
(\sin x)' &= \lim_{h \to 0} \frac{\sin(x+h) - \sin x}{h} \\
&= \lim_{h \to 0} \frac{\sin x \cos h + \cos x \sin h - \sin x}{h} \\
&= \lim_{h \to 0} \frac{\cos x \sin h + \sin x (\cos h - 1)}{h} \\
&= \lim_{h \to 0} \frac{\cos x \sin h - \sin x (1 - \cos h)}{h}
\end{aligned}
$$

加法定理 (P119) より
$\sin(\alpha + \beta)$
$= \sin\alpha\cos\beta + \cos\alpha\sin\beta$

$A(B-C) = -A(C-B)$

(右ページに続きます)

$$= \lim_{h \to 0}\left(\cos x \frac{\sin h}{h} - \sin x \frac{1-\cos h}{h}\right)$$

$$= \lim_{h \to 0}\left(\cos x \frac{\sin h}{h} - \sin x \frac{1-\cos h}{h^2} \cdot h\right)$$

$\dfrac{1-\cos h}{h^2}$

の形を、半ば無理やりつくる

三角関数の基本極限
$\lim_{\theta \to 0}\dfrac{\sin \theta}{\theta} = 1$
$\lim_{\theta \to 0}\dfrac{1-\cos \theta}{\theta^2} = \dfrac{1}{2}$

↓1　　↓$\dfrac{1}{2}$

$$= \cos x \cdot 1 - \sin x \cdot \frac{1}{2} \cdot 0$$

$$= \cos x$$

つまり、

$$(\sin x)' = \cos x$$

です！

この結果と**合成関数の微分**（P97）を使って $\cos x$ の導関数も求めておきましょう。

$$(\cos x)' = \left\{\sin\left(\frac{\pi}{2} - x\right)\right\}'$$

$$= \cos\left(\frac{\pi}{2} - x\right) \cdot \left(\frac{\pi}{2} - x\right)'$$

外の微分　　中の微分

$$= \sin x \cdot (-1)$$

$$= -\sin x$$

余角の公式（P116）より
$\sin\left(\dfrac{\pi}{2} - \theta\right) = \cos\theta$
$\cos\left(\dfrac{\pi}{2} - \theta\right) = \sin\theta$

$\left(\dfrac{\pi}{2} - x\right)' = 0 - 1 = -1$

以上より、次ページの「まとめ」の公式が導けます。

> **まとめ** $\sin x$ と $\cos x$ の導関数
>
> $$(\sin x)' = \cos x$$
> $$(\cos x)' = -\sin x$$

これでとりあえずの目標は達成しました。

いよいよ $\tan x$ を微分していきます。

上の $\sin x$ と $\cos x$ の導関数の公式と**三角関数の相互関係**（P114）、そして**商の微分**（P98）を使います。

よく「**高校数学は（理系の）微積分を学ぶと、全体がまとまる**」と言われます。この三角関数の微分でも、今まで**バラバラだった各単元の内容がそれぞれにつながって一つの結果に収斂されていく様子**が分かってもらえると思います。

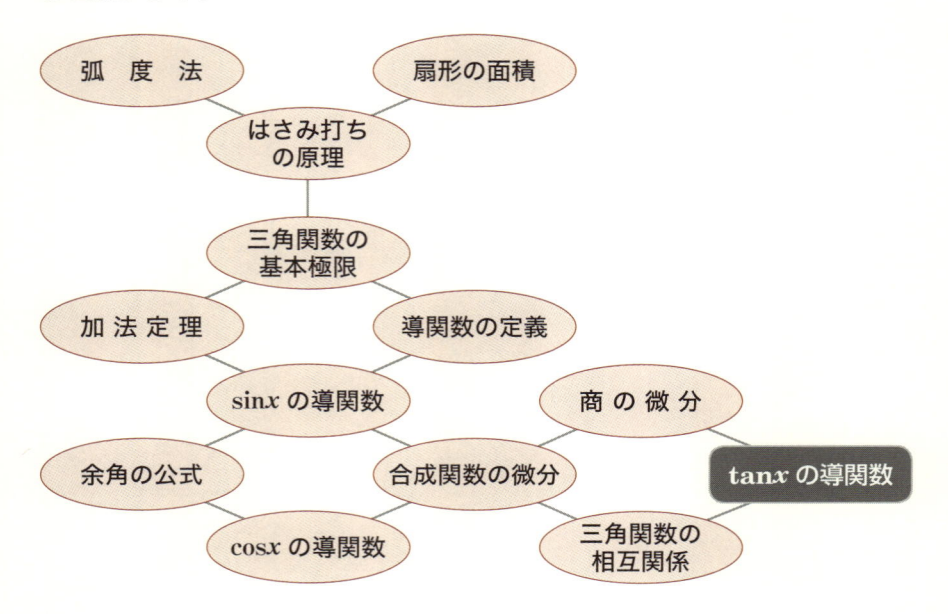

弧度法 — 扇形の面積
  └ はさみ打ちの原理
      └ 三角関数の基本極限
          ├ 加法定理
          └ 導関数の定義
              └ $\sin x$ の導関数
                  ├ 余角の公式
                  ├ 合成関数の微分 — 商の微分
                  └ $\cos x$ の導関数 — 三角関数の相互関係
                          └ **$\tan x$ の導関数**

解 答

問題は 126 ページ

$$y = \tan x$$

より

$y' = (\tan x)'$

$= \left(\dfrac{\sin x}{\cos x}\right)'$ 　　$\tan x = \dfrac{\sin x}{\cos x}$

$= \dfrac{(\sin x)' \cos x - \sin x (\cos x)'}{(\cos x)^2}$ 　　$\left[\dfrac{f(x)}{g(x)}\right]' = \dfrac{f'(x)g(x) - f(x)g'(x)}{\{g(x)\}^2}$

$= \dfrac{\cos x \cdot \cos x - \sin x \cdot (-\sin x)}{\cos^2 x}$ 　　$(\sin x)' = \cos x$ 　$(\cos x)' = -\sin x$

$= \dfrac{\cos^2 x + \sin^2 x}{\cos^2 x}$ 　　$\cos^2 \theta + \sin^2 \theta = 1$

$= \dfrac{1}{\cos^2 x}$

今まで学んだことに無駄なものはないことが分かってもらえたかな？

ちょっとよこみち② 日本人は微積分に到達していたか？

江戸時代に発達した「和算」は、当時の日本が鎖国中であったにもかかわらず、世界最高水準にありました。特に「算聖」とまで呼ばれた関孝和（1640？－1708）は、日本の数学史上に燦然と輝く金字塔を打ち立てた、和算界の巨人です。

➢ 関孝和は微分積分も発見していた？

「関孝和は、ニュートンやライプニッツよりも先に微分積分を発見していた」

という説が昔からよく言われています。

確かに関孝和が遺した業績は、代数の発明、円周率の計算、多元連立方程式の解法、行列式やベルヌーイの定理の発見など実に多岐にわたっています。しかも、そのどれもが当時の世界トップレベルであったことが分かっていますし、行列式や「ベルヌーイの定理」の発見においては、これらを発見したライプニッツやベルヌーイよりも先んじていました。ですから、微積分についても関孝和が世界をリードしていたと信じる人が多いのは理解できます。

でも残念ながら、それは少々買い被りかもしれません。

そもそも、日本には微分積分の礎としてどうしても必要な2つがありませんでした。それは、

・ゼロの概念（「位取り」としての零はあった）
・グラフ

の2つです。

ここまで読んでくださった皆さんはもうお分かりだと思いますが、微分とは関数を限りなく小さく分けて分析することです。その過程において、

$$\lim_{x \to \infty} \frac{1}{x} = 0$$

という**極限**（P43）を理解することは避けて通れません。また、**平均変化率**（P23）の極限が**グラフの接線の傾き**になることを理解せずに、**導関数**（P81）の概念にたどりつくことはできないでしょう。

➤ 和算のなかの「無限」

ゼロの概念は**無限**の概念と表裏一体ですが、だからと言って、和算では「無限」をまったく扱えなかったというわけではありませんでした。

関孝和は実数解のない方程式を解くのに、問題の係数を置き換えて解を得ることのできる範囲を調べる「**適尽法**」という方法をとっていました。これは座標を用いずに直感的に限りなく小さい空間をつくり出す手法で、方程式解の**極大値**や**極小値**（関数の最大値と最小値＝P191）を求めることにつながります。そのため「適尽法」を「和算の微分」と呼ぶ人もいます。

また関孝和の弟子である**建部賢弘**（1664－1739）は、円周率の計算をする際に、

$$\pi = 3\sqrt{1 + \frac{1^2}{3\cdot 4} + \frac{1^2\cdot 2^2}{3\cdot 4\cdot 5\cdot 6} + \frac{1^2\cdot 2^2\cdot 3^2}{3\cdot 4\cdot 5\cdot 6\cdot 7\cdot 8} + \cdots}$$

と無限に続く数列の和を考えることによって、円周率を小数点以下41桁まで計算することに成功しています。建部がこの公式を導いたのは1722年。そして海の向こうで、かの天才オイラー（1707－1783）が微積分を使って同じ公式にたどりついたのが1735年。「無限」を扱う確たる理論も微積分も存在しなかった日本で、建部がオイラーより13年も早くこの公式にたどりついたのは偉業と言ってよいでしょう。

　さらに、複雑な図形の面積や体積を求めるとき、西洋の積分学における**区分求積**と同じように、限りなく細かく分けたものを足しあわせて計算しようとする考え方は和算にもありました。実際、関の孫弟子にあたる**松永良弼**（1692？－1744）の著書には球の体積などが**定積分**（後述 P241, 294）の形で提示されています。

➤ 計算に強かった和算

　このように、無限や微分積分に通じる考え方は和算のなかにも散見するのですが、「**微分と積分は互いに逆演算の関係にある**」というライプニッツやニュートンが到達した最も重要な定理――「**微積分の基本定理**」（後述 P214）に相当するものはまったく見つかっていませんし、**導関数**（P81）や**不定積分**（後述 P238）といった概念もなかったようです。

　誤解を恐れずに言えば、和算が目指していたのは世界を切り拓くような新しい概念の獲得ではなく、あくまで**具体的な数値を求める**「**計算**」だったのでしょう。

これについては面白い話が残っています。

　幕末の世。幕府は砲術の洋書を学ばせるために、その基礎として洋算（西洋の数学）を教える外国人教師を招きました。集まった学生は和算を修めた者が多かったものの、なにぶん洋算の微分積分を学んだ経験はなかったので、皆その概念を理解するのに四苦八苦していたそうです。しかし問題集の最後に載っている定積分については、和算を通してすでに答えを知っていたので、どの学生もスラスラと答えることができました。

　外国人教師たちは、

「あんなに出来が悪かったのに、最後の問題だけはなんで簡単に解いてしまうんだ？」

と大変驚いたそうです。

参考文献：
　伊達宗行著『「数」の日本史』（日本経済新聞出版社）
　上垣渉著『はじめて読む 数学の歴史』（ベレ出版）
　桜井進著『夢中になる！ 江戸の数学』（集英社）

15 一気に復習②：累乗と指数関数

　前述の〝ちょっとよこみち〟「ゼロで割ってはいけない理由」(P48) で、「a^x」の x（指数）に 0 や負の整数を用いた場合の「拡張」は、次のようになることに触れました。

$$a^0 = 1, \quad a^{-n} = \frac{1}{a^n}$$

　この節ではさらに拡張して、「a^x」の x が有理数（分数）や無理数（分数で表せない数）の場合も「a^x」が定義できることをお話しします。何のためかって？　それは、指数にすべての実数を使えることが分かれば、**「a^x」が関数に昇格**できるからです！（詳しくは後述します）

問題

次の不等式を解きなさい。

$$\left(\frac{1}{8}\right)^{x-1} > \left(\frac{1}{4}\right)^{3x}$$

$$\left(\frac{1}{8}\right)^{x-1} = \left\{\left(\frac{1}{2}\right)^3\right\}^{x-1} = \left(\frac{1}{2}\right)^{3x-3}, \quad \left(\frac{1}{4}\right)^{3x} = \left\{\left(\frac{1}{2}\right)^2\right\}^{3x} = \left(\frac{1}{2}\right)^{6x}$$

と変形できることから、「$\left(\frac{1}{2}\right)^{3x-3}$」と「$\left(\frac{1}{2}\right)^{6x}$」の大小が分かればこの問題は解けそうです。その答えは**指数関数**

$$y = \left(\frac{1}{2}\right)^x$$

のグラフが教えてくれます。

➤ y が x の関数であるために必要なもう 1 つの条件

　指数関数の話に入る前にまずは「y が x の関数であるために必要なもう 1 つの条件」についてお話ししたいと思います。

　この本の冒頭で、関数はもともと「函数」だったと書きました。函にある値を入力したときの出力が決まっているとき、すなわち**出力値 y が入力値 x によって 1 通りに決まる数であるとき**「y は x の関数である」と言うのでしたね。

　実は y が x の関数であるためには、もう 1 つクリアしなければいけない条件があります（後出しでごめんなさい）。それは**入力値 x が自由に選べる**ということです。なぜでしょうか？

　今、「函」として自動販売機を想像してみてください。

　この場合の入力値はボタンで、出力値はジュースです。**この自動販売機が信用に足るのはこちらが自由に選んだ 1 つのボタンに対して（そのボタンの上の）1 つの商品が対応しているときです。**

　もし先の「y が x によって 1 通りに決まる」が守られていないと、同じボタンを押しているのに、毎回出てくる商品が違うことになります。ゲームとして楽しみたい場合を別にして、そういう自動販売機で買いたいとは思わないのがふつうでしょう。

　また、そこに並んでいるボタンのうち、いくつか押せないボタンがある、

というのも腹立たしいことです。「そんなボタン初めからつくるなよなあ」と思いますよね。「**入力値 x が自由に選べる**」というのは、（売り切れの場合を除いて）並んでいるボタンはどれでも好きに選ぶことができる、という意味です。

以上をまとめると、こうなります。

> **まとめ** y が x の関数であるとき
> （ⅰ）y は x によって 1 通りに決まる数である
> （ⅱ）x の値は自由に選ぶことができる

注）関数 $y = f(x)$ において、自由に決められる x を「独立変数」、x によって決まる y を「従属変数」と言うことがあります。

つまり y が x の関数であるためには、y が x によって 1 通りに決まるだけでなく、**x には実数（*real number*）の範囲で好きな数を選べる**必要があるのです。

注）x に虚数（*imaginary number*）を使うのは大学以降の数学です。

ところで、数には次ページ上のような種類があったことを憶えているでしょうか？

［数の分類］

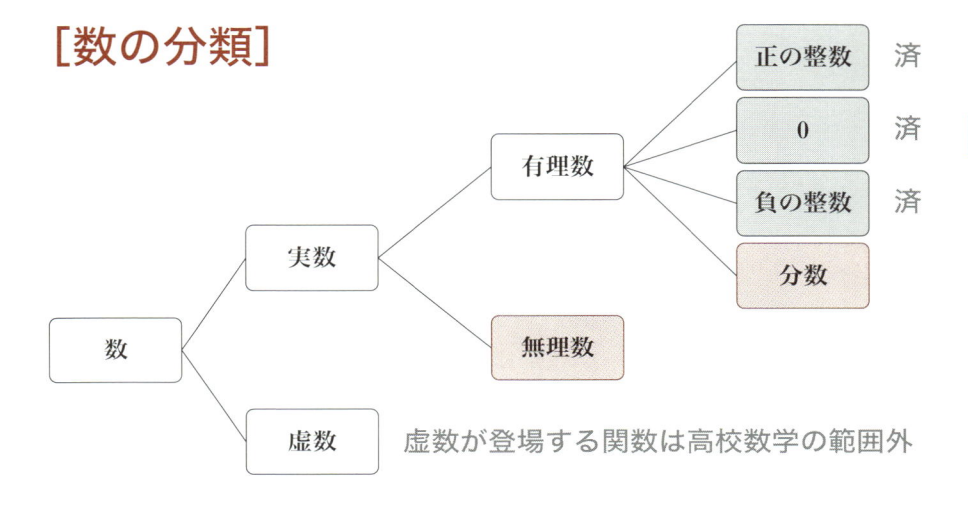

```
数 ─┬─ 実数 ─┬─ 有理数 ─┬─ 正の整数  済
    │        │          ├─ 0        済
    │        │          ├─ 負の整数  済
    │        │          └─ 分数
    │        └─ 無理数
    └─ 虚数    虚数が登場する関数は高校数学の範囲外
```

　有理数（*rational number*）とは、分数 ＝ 比（*ratio*）で表せる数のことです。整数も、

$$3 = \frac{3}{1}$$

と分数で表すことができますので有理数の仲間です。また、「数列の極限」（P34）のところで出てきた循環小数、例えば、

$$0.36363636\cdots$$

のような特別な小数も、

$$0.36363636\cdots = \frac{4}{11}$$

のように分数で表すことができるので有理数です。
　一方、**分数を使って表すことのできない数を無理数**と言います。例えば $\sqrt{2}$ のように、**$\sqrt{}$ を使うことでしか表せない数は無理数です**（分数では表せないことが証明されています）。他にも π（円周率）や $\log_{10} 2$ などの

対数（後述）も分数では表せないので無理数です。

　さて私たちはすでに「a^x」の x に 0 や負の整数が使えることは確認しました。残る「分数」と「無理数」も使えることが分かれば x には実数の範囲で好きな数を選べることになります。晴れて「a^x」**は関数になれます！**

➤ 累乗根（n 乗根）

　a^x の x が分数の場合の拡張に入る前に「**累乗根**」というものを定義しておきます。中学校のとき 0 以上の a に対して

$$x^2 = a \quad \Leftrightarrow \quad x = \pm\sqrt{a}$$

であることは学びました。このとき x を「a の平方根」と呼ぶのでしたね。a の平方根は「$x^2 = a$」の解なので、グラフ上では

$$\begin{cases} y = x^2 \\ y = a \end{cases}$$

という 2 つのグラフの交点（の x 座標）を表すことになります。

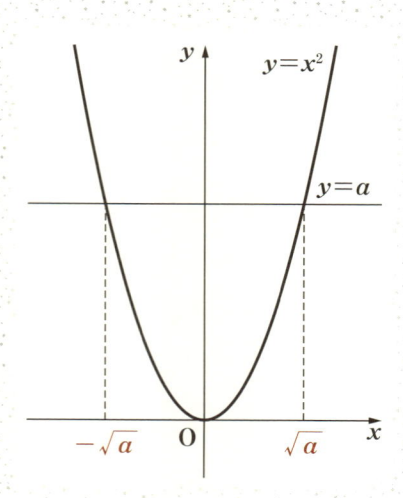

一般に、

$$x^n = a$$

を満たす x のことを「**a の n 乗根**」と言います。n 乗根を総称して**累乗根**とも呼びます。

> 注）ただし 2 乗根は「平方根」と言うのがふつうです。
> また 3 乗根は「立方根」とも言います。

a の n 乗根は「$x^n = a$」の解なので、平方根と同様に考えればグラフ上では、

$$\begin{cases} y = x^n \\ y = a \end{cases}$$

の 2 つのグラフの交点（の x 座標）を表すことになります。

➤ $y = x^n$ のグラフ

さて、「$y = x^n$」のグラフがどのような形になるか、その手がかりをすでに私たちは手に入れています。そうです！　微分を行ってグラフを描くのです！

「$y = x^n$」の導関数を求めて増減表（P83）をつくってみましょう。

$$y = x^n$$
$$\Rightarrow \quad y' = nx^{n-1}$$

増減表は **n が偶数か奇数かで異なる**ので、次ページのように**場合分け**をします。

(i) n が偶数の場合

$y = x^n$
$\Rightarrow \ y' = nx^{n-1}$

x	$\cdots$	0	$\cdots$
y'	$-$	0	$+$
y	↘	0	↗

注) 例えば $n = 4$ のときは「$y' = 4x^3$」なので、
$x < 0 \ \Rightarrow \ y' < 0 \ (4 \times 負の数^3 < 0)$ ↘
$x = 0 \ \Rightarrow \ y' = 0 \ (4 \times 0^3 = 0)$
$x > 0 \ \Rightarrow \ y' > 0 \ (4 \times 正の数^3 > 0)$ ↗

よって、グラフは次のようになります。

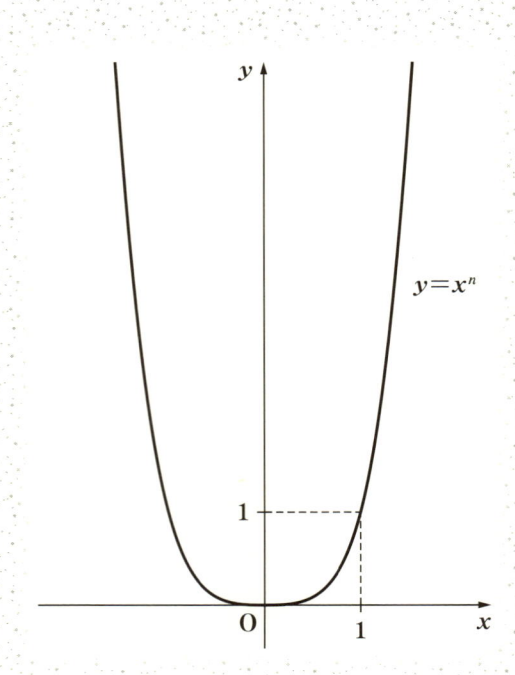

（ⅱ）n が奇数の場合

$y = x^n$
$\Rightarrow \quad y' = nx^{n-1}$

x	$\cdots$	0	$\cdots$
y'	$+$	0	$+$
y	↗	0	↗

注）例えば $n = 3$ のときは「$y' = 3x^2$」なので、
$\quad x < 0 \quad \Rightarrow \quad y' > 0 \quad (3 \times 負の数^2 > 0)$ ↗
$\quad x = 0 \quad \Rightarrow \quad y' = 0 \quad (3 \times 0^2 = 0)$
$\quad x > 0 \quad \Rightarrow \quad y' > 0 \quad (3 \times 正の数^2 > 0)$ ↗

よって、グラフはこうなります。

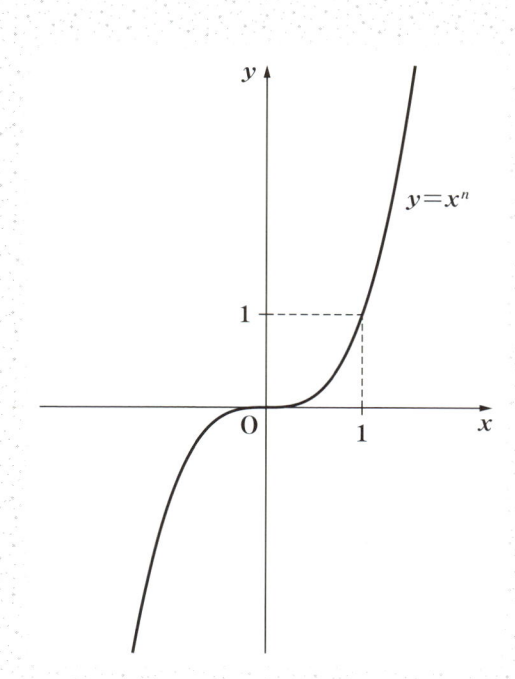

これらのグラフに「$y = a$」のグラフを重ねてみましょう。

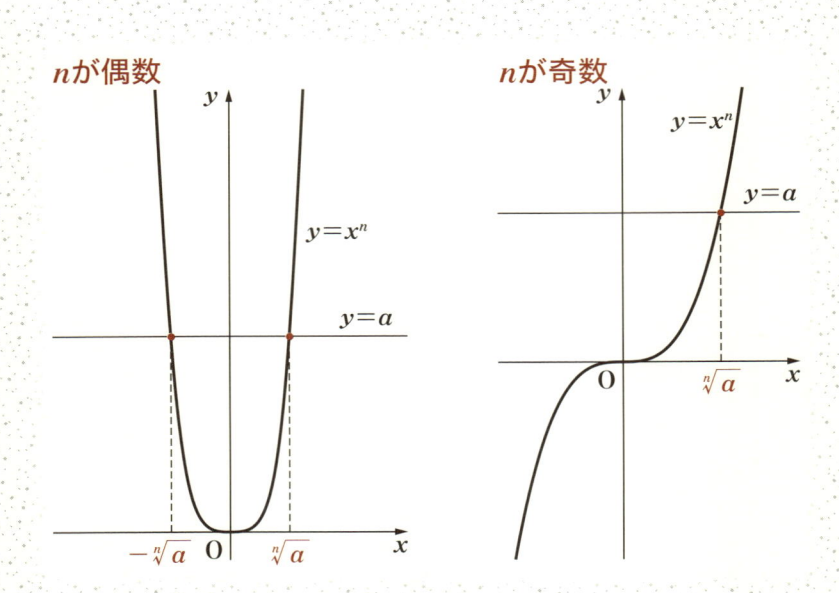

n が偶数

n が奇数

こうすると n が偶数の場合は交点（a の n 乗根）は 2 つ、n が奇数の場合は交点（a の n 乗根）は 1 つであることが分かりますね。

n が偶数のとき、2 つある a の n 乗根のうちの正のほうを「$\sqrt[n]{a}$」と表します（負のほうは $-\sqrt[n]{a}$）。また n が奇数のときは a の n 乗根は 1 つなので、それを単に「$\sqrt[n]{a}$」と書きます。なお n が偶数の場合は a が 0 以上でないと交点が存在しない（累乗根が存在しない）ことに注意しましょう。以上、累乗根についてまとめておきます。

148

> **まとめ** 累乗根の定義

(ⅰ) n が偶数のとき、

$$x^n = a \iff x = \pm \sqrt[n]{a} \quad (a \geq 0)$$

(ⅱ) n が奇数のとき、

$$x^n = a \iff x = \sqrt[n]{a}$$

注) この定義にしたがうと $n=2$ のとき、

$$x^2 = a \iff x = \pm \sqrt[2]{a} \quad (a \geq 0)$$

ですが、「$\sqrt[2]{a}$」の2は省略して「$\sqrt{a}$」と書きます。

➤ a^x の拡張その1［x が有理数（分数）の場合］

上の累乗根の定義より「$x = \sqrt[n]{a}$」は方程式「$x^n = a$」の解なので、代入してみます。すると、

$$(\sqrt[n]{a})^n = a \quad \cdots ①$$

ですね。ここで $\sqrt[n]{a}$ は a の何乗になるのかを調べるために、

$$\sqrt[n]{a} = a^k \quad \cdots ②$$

とおきます。②を①に代入すると、

$$(a^k)^n = a$$
$$\iff a^{k \times n} = a^1$$

肩の数（指数）を比べて、

$$k \times n = 1$$
$$\therefore \quad k = \frac{1}{n}$$

②に代入すると、

$$\sqrt[n]{a} = a^{\frac{1}{n}}$$

これを指数が有理数（分数）の場合の定義とします！

まとめ 指数が分数のときの累乗根

$$a^{\frac{1}{n}} = \sqrt[n]{a}$$

➢ a^x の拡張その2［x が無理数の場合］

ここまで順調（？）に拡張してきました。残すは無理数だけです。ただ無理数への拡張は少々厄介です（高校数学を逸脱します）。

例えば「2^π（2 の π 乗）」という数を考えてみましょう。

$$\pi = 3.141592653\cdots$$

は分数で表すことができないので無理数ですが、これに近い値の有理数はたくさんあります。そこで指数を徐々に π に近づけていってみましょう。

$$2^3 = 8 \qquad \boxed{a^{\frac{1}{n}} = \sqrt[n]{a}}$$

$$2^{3.1} = 2^{\frac{31}{10}} = \left(2^{\frac{1}{10}}\right)^{31} = \left(\sqrt[10]{2}\right)^{31} = 8.5741877\cdots$$

$$2^{3.14} = 2^{\frac{314}{100}} = \left(2^{\frac{1}{100}}\right)^{314} = \left(\sqrt[100]{2}\right)^{314} = 8.8152409\cdots$$

$$2^{3.141} = 2^{\frac{3141}{1000}} = \left(2^{\frac{1}{1000}}\right)^{3141} = \left(\sqrt[1000]{2}\right)^{3141} = 8.8213533\cdots$$

$$2^{3.1415} = 2^{\frac{31415}{10000}} = \left(2^{\frac{1}{10000}}\right)^{31415} = \left(\sqrt[10000]{2}\right)^{31415} = 8.8244110\cdots$$

$$2^{3.14159} = 2^{\frac{314159}{100000}} = \left(2^{\frac{1}{100000}}\right)^{314159} = \left(\sqrt[100000]{2}\right)^{314159} = 8.8249615\cdots$$

> 注）上の計算は市販の「関数電卓」で確かめられます。関数電卓は 1000 円代から売っているので興味のある方は試してみてください。

このように「2^x」の x を π に限りなく近づけると「2^x」は・ある・値に限りなく近づきます。「ある値」は「確かなゴール」ですから、こんなときは極限（P36）の出番です。

実際、上の計算を続けると、

$$\lim_{x \to \pi} 2^x = 8.8249778\cdots$$

となることが分かっています（←昔の偉い人のおかげで）。そこで、

$$2^\pi = 8.8249778\cdots$$

と定義することにしました（←やはり昔の偉い人が）。

> **まとめ** $\lim\limits_{x \to r} a^x = p$ のとき
>
> $$a^r = p \quad (r \text{ は無理数})$$

注）最後の無理数への拡張はやや玉虫色の決着に感じたかもしれません。厳密な議論は大学の数学科で学ぶような内容になってしまいますので、これ以上は深入りしないことにします。

とにもかくにも、これで「a^x」の x にはすべての実数が使えるようになりましたので、いよいよ a^x は関数に昇格です！

▶ 指数関数の定義とグラフ

というわけで、次のように「**指数関数**」を定義します。

$$y = a^x \quad (ただし、a > 0 \quad かつ \quad a \neq 1)$$

ここで「$a > 0$」としているのは、例えば $x = \dfrac{1}{2}$ などのとき、a が負の数だと、

$$y = (-2)^{\frac{1}{2}} = \sqrt{-2}$$

と y が虚数（2乗して負になる数）になってしまうことを防ぐためです。

また「$a \neq 1$」としているのは、「$a = 1$」のときは、

$$y = 1^x = 1$$

なので、常に「$y = 1$」となってつまらないからです。

注）もう少し真面目に言えば、「$a \neq 1$」としているのは x と y の間の「1対1の対応」が崩れてしまうのを避けるためです。実際「$y=1^x$」のとき（だけ）は x の値によらず y はいつも 1 なので、y の値から x の値を求めることができなくなります。

ではなぜ「1対1の対応」が崩れることを嫌うのでしょうか？ それは「1対1の対応」が崩れてしまうと、逆関数（出力 y から入力 x を定める関数：後述 P171）が定義できなくなるからです。

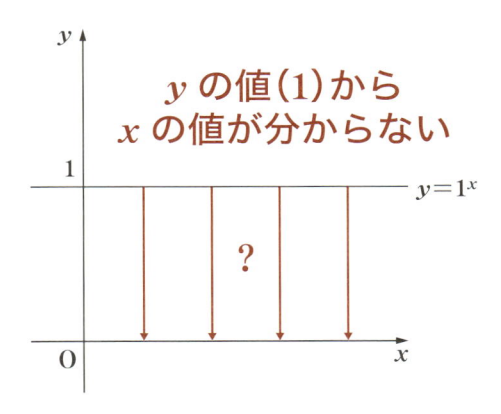

y の値(1)から x の値が分からない

$y = 1^x$

ちなみに「a^x」の a は「底(てい)」と言います。

まとめ　指数関数

$$y = a^x$$

[ただし、$a > 0$　かつ　$a \neq 1$]

さて、いよいよ指数関数のグラフを描いていきます。前にも書いたとおり、関数の理解とはグラフの理解です。

　「$y = 2^x$」のグラフの形を調べるために x にいくつか値を代入したものを表にします。

$$a^0 = 1, \quad a^{-n} = \frac{1}{a^n}$$

x	-2	-1	0	1	2	3
y	$2^{-2} = \dfrac{1}{4}$	$2^{-1} = \dfrac{1}{2}$	$2^0 = 1$	$2^1 = 2$	$2^2 = 4$	$2^3 = 8$

×2　×2　×2　×2　×2

これらをグラフ上に取って滑らかにつなぐと次のようになります。

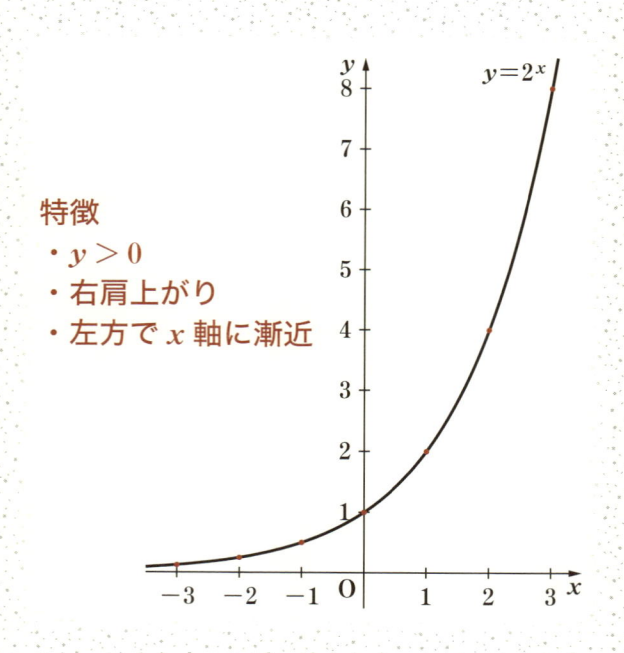

特徴
・$y > 0$
・右肩上がり
・左方で x 軸に漸近

$y = 2^x$

今度は、
$$y = \left(\frac{1}{2}\right)^x$$
のグラフを考えてみましょう。また表をつくります。
$$y = \left(\frac{1}{2}\right)^x = \frac{1}{2^x} = 2^{-x}$$
であることに注意して

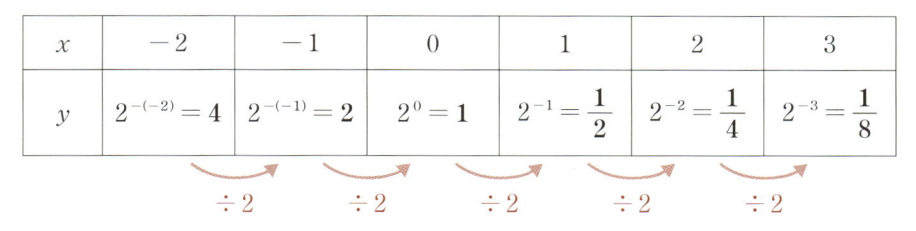

x	-2	-1	0	1	2	3
y	$2^{-(-2)}=4$	$2^{-(-1)}=2$	$2^0=1$	$2^{-1}=\dfrac{1}{2}$	$2^{-2}=\dfrac{1}{4}$	$2^{-3}=\dfrac{1}{8}$

$\div 2$ $\div 2$ $\div 2$ $\div 2$ $\div 2$

「$y=2^x$」の場合の表と比べると**yの値がちょうど逆順**になっていますね。グラフはこうです。

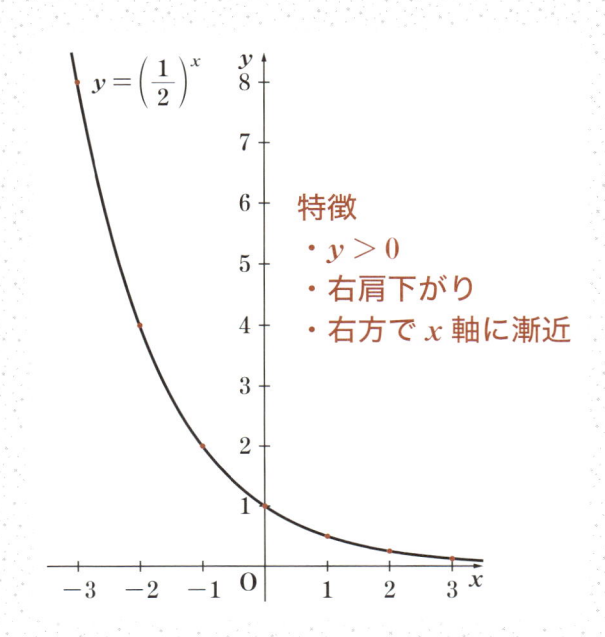

特徴
・$y > 0$
・右肩下がり
・右方で x 軸に漸近

一般に「$y=a^x$」のグラフは $a>1$ か $0<a<1$ かで大きく変わります。

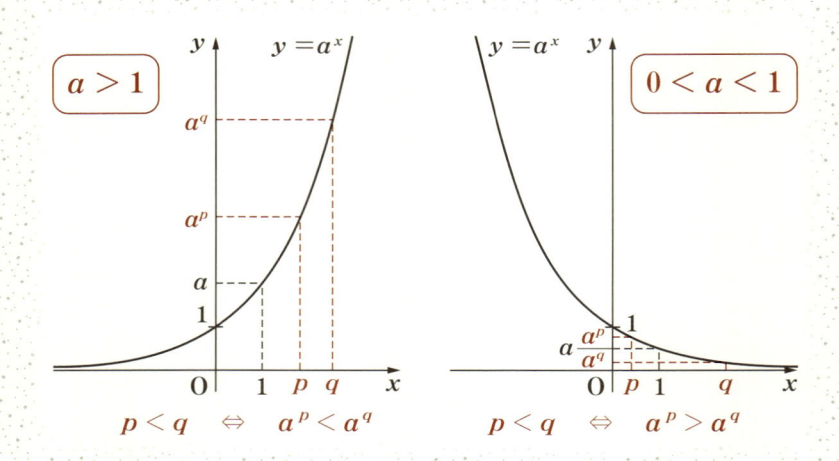

$a>1$

$p<q \Leftrightarrow a^p<a^q$

$0<a<1$

$p<q \Leftrightarrow a^p>a^q$

　要注意なのは、$0<a<1$ のときグラフが右肩下がりになるので、x が大きくなればなるほど y の値すなわち「a^x」の値が小さくなることです。つまり、次のように**指数の大小と関数の大小が逆転**します。

$0<a<1$ のとき、
$$p<q \Leftrightarrow a^p>a^q$$

　さあ、ここまで準備をしておけば、冒頭の問題はもう難しくないでしょう。

解答

問題は 140 ページ

与えられた不等式はこうでした。

$$\left(\frac{1}{8}\right)^{x-1} > \left(\frac{1}{4}\right)^{3x}$$

まず**底をそろえていきます**。今回は両辺とも底を $\frac{1}{2}$ にします。

$$\left(\frac{1}{8}\right)^{x-1} > \left(\frac{1}{4}\right)^{3x}$$
$$\Leftrightarrow \left\{\left(\frac{1}{2}\right)^3\right\}^{x-1} > \left\{\left(\frac{1}{2}\right)^2\right\}^{3x}$$
$$\Leftrightarrow \left(\frac{1}{2}\right)^{3x-3} > \left(\frac{1}{2}\right)^{6x}$$

（こっちがうまそう）

さあ、ここで注意が必要です。

底が 0 と 1 の間なので**指数の大小と関数の大小は逆転**します。

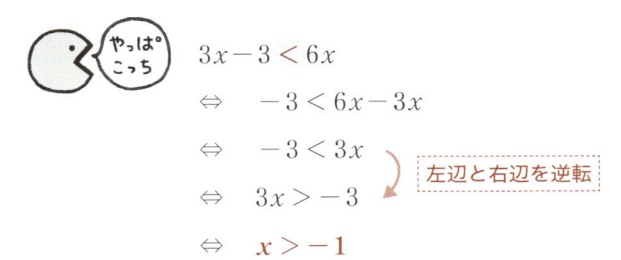

（やっぱこっち）

$$3x - 3 < 6x$$
$$\Leftrightarrow -3 < 6x - 3x$$
$$\Leftrightarrow -3 < 3x$$
$$\Leftrightarrow 3x > -3$$
$$\Leftrightarrow x > -1$$

左辺と右辺を逆転

a^x を関数に「昇格」させるまでが長かったね。でも、それだけ**関数では入力値（独立変数）が自由に選べる、ということが重要**なんだ。

16 一気に復習③：対数と対数関数

「**自然数は神に由来し、他のすべては人間の産物である**」
と語ったのは、19世紀の数学者クロネッカーでした。実際、ものを数えるための1，2，3…という自然数（正の整数）の概念はサルやイルカやハトにもあることが最近の研究で分かっています。

その時々の必要に応じて負の整数、0、分数などの「数」を生み出してきた人類は、

$$x^2 = 2$$

という方程式の解を表すために $\sqrt{}$（平方根）を、

$$x^2 = -1$$

という方程式の解を表すために虚数を「発明（定義）」してきました。

この節では、

$$2^x = 3$$

という方程式の解を表すために考え出された新しい数「**対数**」を学んでいきます。

問題

次の数の大小を、不等号を用いて表しなさい。

$$\log_2 3, \quad \log_2 \frac{1}{3}, \quad \log_3 2, \quad \log_3 \frac{1}{2}$$

➤ ようこそ、対数（ロガリズム）の世界へ

　数学検定の会長なども歴任された数学者の秋山仁先生は、落ちこぼれだった高校時代、先生から

　「何でもいいから質問してみろ！」

と叱られて、苦し紛れに

　「黒板に書いてあるその『10 グラム』というのは何ですか？」

と言ったところ

　「バカ！ これは対数記号の log（ログ）だ」

とさらに怒られて、「10 グラム男」というアダ名がついてしまったそうです。

　ただし一方で秋山先生は中学時代から数学クラブに所属し、正多面体は 5 種類しかないことを自力で証明して教師たちを驚かすなど、天才の片鱗も覗かせていたとか。やはり凡人とは違いますね。

　秋山先生のステキなエピソードはさておき、対数というのは、

$$a^x = p$$

の形をした方程式の解を表すために考え出された**新しい「数」**です。

　例えば、

$$2^x = 8$$

の場合は「$x = 3$」であることがすぐに分かりますし、

$$2^x = \sqrt{2}$$

の場合も、前節で学んだ指数の拡張を使えば「$x = \dfrac{1}{2}$」と分かるので、x を求めるために新しい数を用意する必要はありません。

しかし、

$$2^x = 3$$

の場合、この x を整数や分数や $\sqrt[n]{}$ を使って表すことはできません。そこでこの x を、

$$x = \log_2 3$$

と表すことにしました。

「log」というのは「対数」を表す英語の "logarithm"（ロガリズム）の略です。

"logarithm" はギリシャ語で「比」を表す "logos"（ロゴス）と、「数」を表す "arithmós"（アリスモス）を合わせてつくられた言葉だと言われています。

まとめ　対数の定義

$a^x = p$ を満たす x の値を

$$x = \log_a p$$

と表す。このとき a を「底（てい）」、p を「真数（しんすう）」という。

[ただし、$a > 0$　かつ　$a \neq 1$　かつ　$p > 0$]

注）「$a > 0$　かつ　$a \neq 1$　かつ　$p > 0$」は、前節の指数関数で

$$y = a^x$$

のとき「$a > 0$　かつ　$a \neq 1$　かつ　$y > 0$」だったことと対応しています。

定義から明らかな、対数の性質をまとめておきます。

> **まとめ　対数の性質**
>
> （ⅰ）$\log_a a = 1$
>
> （ⅱ）$\log_a 1 = 0$
>
> ［ただし、$a > 0$　かつ　$a \neq 1$］

これらの性質は

$$a^x = p \quad \Leftrightarrow \quad x = \log_a p$$

であることを使えばすぐに確かめられます。

（ⅰ）定義より

$$a^1 = a \quad \Leftrightarrow \quad 1 = \log_a a$$

（ⅱ）定義より

$$a^0 = 1 \quad \Leftrightarrow \quad 0 = \log_a 1$$

また対数は、次のように視覚的に捉えておくと、計算のときに便利です♪

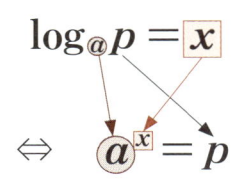

$$\log_a p = \boxed{x}$$

$$\Leftrightarrow \quad ⓐ^{\boxed{x}} = p$$

また、対数には指数法則から導かれる次のような法則があります。

> **まとめ** 対数法則
>
> (ⅰ) $\log_a MN = \log_a M + \log_a N$
>
> (ⅱ) $\log_a \dfrac{M}{N} = \log_a M - \log_a N$
>
> (ⅲ) $\log_a M^r = r \log_a M$
>
> [ただし a は 1 でない正の実数、M および N は正の実数]

上の3つの法則を証明しましょう。

$$\begin{cases} \log_a M = m \\ \log_a N = n \end{cases} \cdots ①$$

とすると、定義より、

$$\begin{cases} a^m = M \\ a^n = N \end{cases} \cdots ②$$

(ⅰ) について

$$\log_a MN = s \quad \cdots ③$$

とすると、定義より、

$$\begin{aligned} a^s &= MN \\ &= a^m \times a^n \quad \text{②より} \\ &= a^{m+n} \end{aligned}$$

$$\therefore \quad s = m + n$$

$$\log_a MN = \log_a M + \log_a N \quad \text{①と③より}$$

162

（ⅱ）について

$$\log_a \frac{M}{N} = t \quad \cdots ④$$

とすると、定義より、

$$\begin{aligned}
a^t &= \frac{M}{N} \\
&= \frac{a^m}{a^n} \quad \text{②より} \\
&= a^{m-n} \\
\therefore \quad t &= m - n \\
\log_a \frac{M}{N} &= \log_a M - \log_a N \quad \text{①と④より}
\end{aligned}$$

（ⅲ）について

$$\log_a M^r = u \quad \cdots ⑤$$

とすると、定義より、

$$\begin{aligned}
a^u &= M^r \quad \text{②より}\\
&= (a^m)^r \\
&= a^{mr} \\
\therefore \quad u &= mr \\
&= rm \\
\log_a M^r &= r\log_a M \quad \text{①と⑤より}
\end{aligned}$$

➤ 対数は天文学者の寿命を延ばした！？

対数を発明したのはスコットランドの**ジョン・ネイピア**（1550－1617）でした。当時はドイツのケプラーが惑星の軌道を調査し、イタリアのガリレオが星に望遠鏡を向けた時代。天文学の研究が盛んだったので、文字どおり天文学的な数字の計算が必要でした。しかし**対数の概念を使えば、掛け算を足し算に変換できる**ことから計算が非常に楽になります。「**対数の発明は天文学者の寿命を2倍にした**」と語ったのはラプラスでしたが、それほど画期的なことでした。

例として、

$$x = 123 \times 456$$

を、対数を使って計算してみましょう。

今、

$$123 = 10^p$$
$$456 = 10^q$$

とすると、対数の定義より、

$$p = \log_{10} 123$$
$$q = \log_{10} 456$$

ここで、

$$\begin{aligned}
\log_{10} 123 &= \log_{10} 100 \times 1.23 \\
&= \log_{10} 100 + \log_{10} 1.23 \\
&= \log_{10} 10^{②} + \log_{10} 1.23 \\
&= 2\log_{10} 10 + \log_{10} 1.23 \\
&= 2 + \log_{10} 1.23
\end{aligned}$$

$\log_a MN = \log_a M + \log_a N$

$\log_a M^r = r\log_a M$

$\log_a a = 1$

同様の計算により、

$$\log_{10} 456 = 2 + \log_{10} 4.56$$

も得ます。

対数表（前見返し）から「$\log_{10} 1.23$」と「$\log_{10} 4.56$」の値を探すと、

$$\log_{10} 1.23 \fallingdotseq 0.0899$$
$$\log_{10} 4.56 \fallingdotseq 0.6590$$

よって、

$$p = 2 + \log_{10} 1.23 \fallingdotseq 2.0899$$
$$q = 2 + \log_{10} 4.56 \fallingdotseq 2.6590$$

ですね。

$$\begin{aligned}
x &= 123 \times 456 \\
&= 10^p \times 10^q \\
&= 10^{p+q} \\
&\fallingdotseq 10^{2.0899 + 2.6590} \\
&= 10^{4.7489}
\end{aligned}$$

> ここで掛け算→足し算になるところがポイントです！

定義より、

$$4.7489 \fallingdotseq \log_{10} x$$

今度は**対数表**を逆に読んで x を求めると、

$$x \fallingdotseq \mathbf{56100}$$

と求まります。

注）前見返しの対数表のなかで「0.7489」に近い値を探すと「$\log_{10} 5.61 \fallingdotseq 0.7490$」であることが分かります。これより、

$$\log_{10} x \fallingdotseq 4.7489 \fallingdotseq 0.7490 + 4$$
$$\fallingdotseq \log_{10} 5.61 + \log_{10} 10^4 = \log_{10} 5.61 \times 10^4 = \log_{10} 56100$$
$$\therefore \quad x \fallingdotseq 56100$$

ちなみに正しくは、

$$x = 123 \times 456$$
$$= 56088$$

$\dfrac{56100}{56088} = 1.000214\cdots$

誤差は約 0.02 ％ !

ですが、この程度の誤差は実用上問題にならなかったそうです。

ここまで読んでくれた読者からは 2 つのツッコミが入るかもしれません。1 つは

「え〜！　全然楽じゃないじゃん」

そしてもう 1 つは

「対数表って？」

でしょう。弁明いたします。

1 つ目のツッコミは私たちがふだん計算機というものに慣れ親しんでいるせいで感じることで、対数による計算が重宝された当時はもちろん計算機なんてありません。また上の計算例は便宜上 3 桁 × 3 桁にしましたが、**もっと大きな桁の掛け算であっても、計算の手間はほとんど同じ**だということにも注目してください。

2 つ目のツッコミの「対数表」というのは高校の教科書の巻末などに付いていたものです。本書の前見返しにも付けましたのでご覧ください。

対数の創始者であるネイピアは**約 20 年もかけてこの対数表を作成しました**。ただしネイピアが作成した対数表は底が 10 ではなく少々使いづらい面もあったので、彼の死後イギリスの**ヘンリー・ブリッグス**という数学者が、底が 10 の場合の対数表（**常用対数表**と言います）を完成させました。ネイピアやブリッグスが膨大な計算を強靭な精神力でやり抜き、表にまとめてくれたおかげで、後の数学者や天文学者たちにとって**対数表は大変有難い計算機代わり**になったのです。

> **底の変換公式**

対数の計算をするときのコツを1つだけ教えてください、と言われれば私は迷わず、

「底をそろえることです」

と答えます。底さえそろえば上述の対数法則を使って計算を進めることができるからです。次の「底の変換公式」はそのための重要な公式です。

まとめ　底の変換公式

$$\log_a b = \frac{\log_c b}{\log_c a}$$

[ただし、a, b, c は正の実数で、$a \neq 1$、$c \neq 1$]

これも証明してみましょう。

$$\log_a b = k \cdots ①, \quad \log_c a = l \cdots ②, \quad \log_c b = m \cdots ③$$

とすると、定義より、

$$a^k = b \cdots ④, \quad c^l = a \cdots ⑤, \quad c^m = b \cdots ⑥$$

④式に⑤と⑥を代入すると、

$$(c^l)^k = c^m$$
$$\Leftrightarrow \quad c^{l \times k} = c^m$$
$$\therefore \quad l \times k = m$$
$$k = \frac{m}{l}$$

①〜③より、

$$\log_a b = \frac{\log_c b}{\log_c a}$$

➤ 対数関数の定義からグラフを描く

対数の定義から

$$y = a^x \quad \Leftrightarrow \quad x = \log_a y$$

なので「$y = a^x$」と「$x = \log_a y$」は同値であり、数式として同内容を表しています。表現方法は違いますが2式が表すグラフは同じです。

ただし「$x = \log_a y$」は y から x が求められることを示しています。これは入力値が y で出力値が x だという意味です。

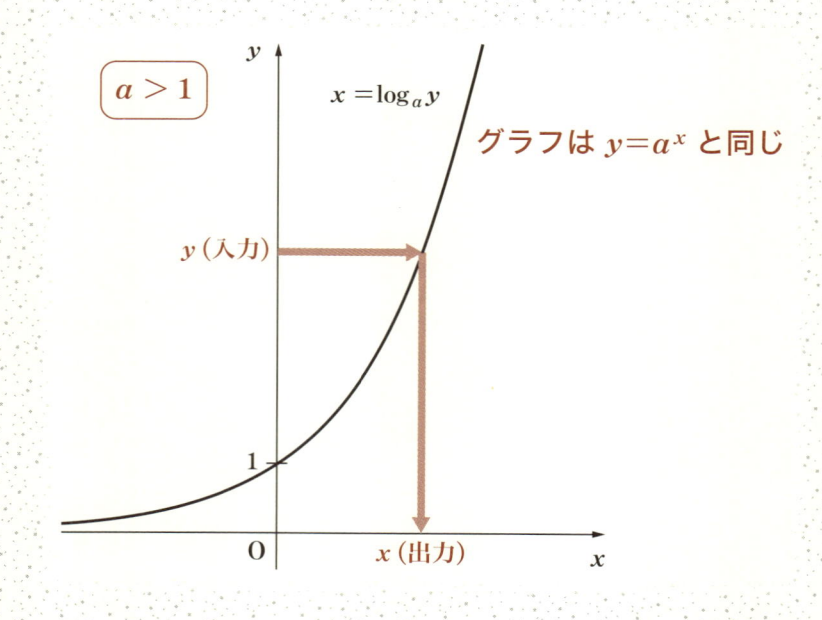

$a > 1$

$x = \log_a y$

グラフは $y = a^x$ と同じ

y（入力）

x（出力）

でも、やっぱり入力値が x で出力値が y のほうがしっくりきますよね？**そこで x と y を入れ替えます。**

するとグラフはこうなります。

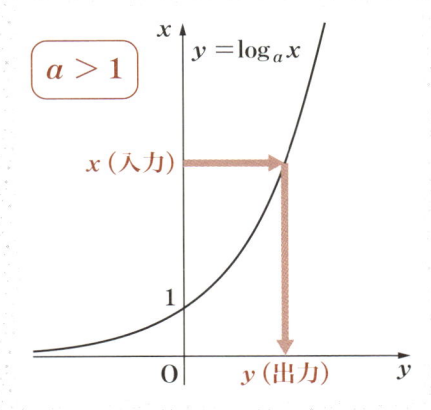

x軸とy軸がいつもの向きになるように**ひっくり返すと**

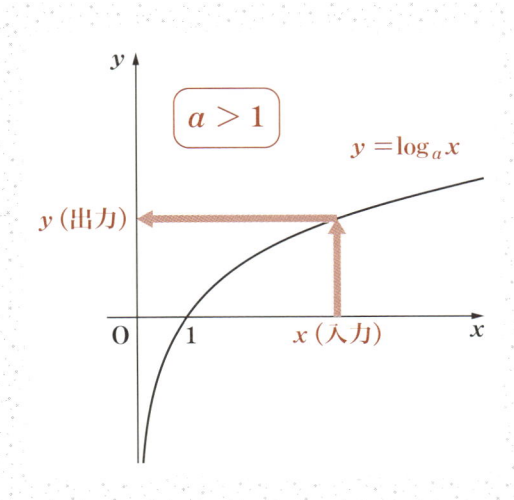

同様の操作を$0 < a < 1$の場合も行い、合わせて書けば、対数関数のグラフは次のようにまとめられます。

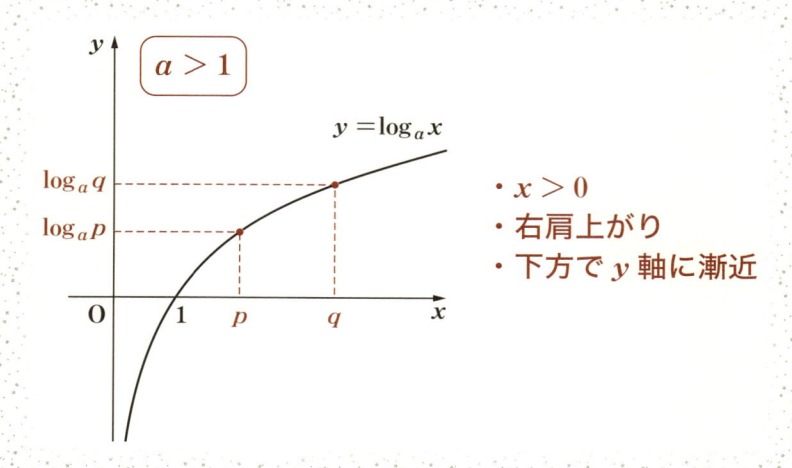

$a > 1$

- $x > 0$
- 右肩上がり
- 下方で y 軸に漸近

$p < q \Leftrightarrow \log_a p < \log_a q$

$0 < a < 1$

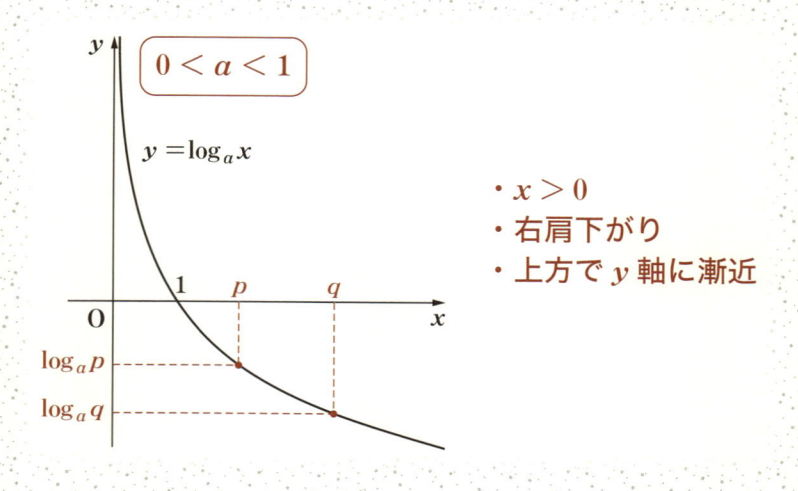

- $x > 0$
- 右肩下がり
- 上方で y 軸に漸近

$p < q \Leftrightarrow \log_a p > \log_a q$

ここでも指数関数のときと同様に $0 < a < 1$ の場合は真数(x)の大小と対数(y)の大小が逆転することに注意してください。すなわち、

$0 < a < 1$ のとき、
$$p < q \quad \Leftrightarrow \quad \log_a p > \log_a q$$

➤ 逆関数

指数関数について

① x について解く

② x と y を入れ替える

という2つの操作を行うと、対数関数が得られます。こういう関係にある関数のことを「**逆関数**」と言います。逆関数はいつも存在するとは限りませんが、逆関数が存在する場合は出力値（結果）から入力値（原因）を特定することができます。

またある関数とその逆関数のグラフは $y = x$ **に関して対称**になります。

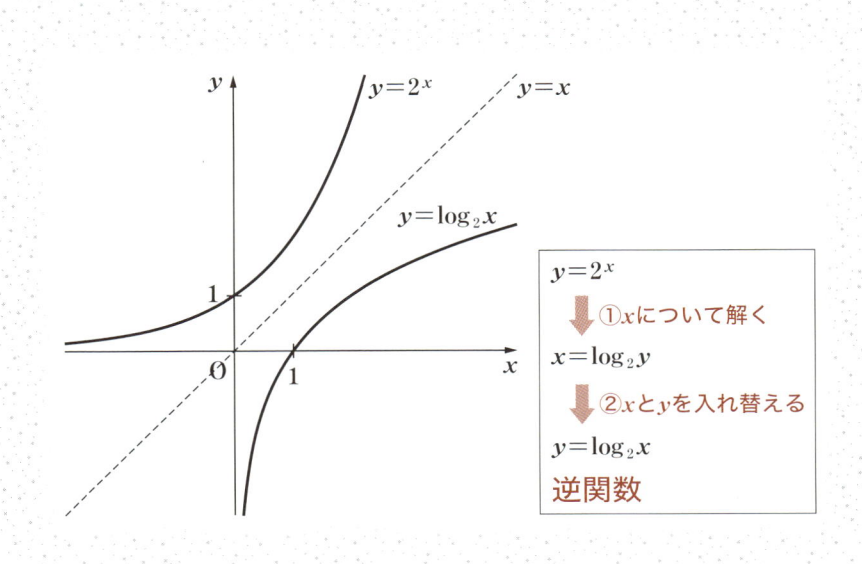

$y = 2^x$
⬇ ①xについて解く
$x = \log_2 y$
⬇ ②xとyを入れ替える
$y = \log_2 x$
逆関数

解 答

問題は 158 ページ

$$\underbrace{\log_2 3}_{①}, \ \underbrace{\log_2 \frac{1}{3}}_{②}, \ \underbrace{\log_3 2}_{③}, \ \underbrace{\log_3 \frac{1}{2}}_{④}$$

の大小を考える問題でした。

まず底が 2 種類あるので、すべて「2」にそろえましょう（3 にそろえてもできます）。

また 2 つ目の対数が「$\log_2 3$」で表せることにも注意して、それぞれを変形すると、

② $\quad \log_2 \frac{1}{3} = \log_2 3^{-1}$

$\qquad\qquad = -\log_2 3 \quad \boxed{\log_a M^r = r\log_a M}$

③ $\quad \log_3 2 = \dfrac{\log_2 2}{\log_2 3} \quad \boxed{\log_a b = \dfrac{\log_c b}{\log_c a}}$

$\qquad\qquad = \dfrac{1}{\log_2 3} \quad \boxed{\log_a a = 1}$

④ $\quad \log_3 \dfrac{1}{2} = \dfrac{\log_2 \frac{1}{2}}{\log_2 3}$

$\qquad\qquad = \dfrac{\log_2 2^{-1}}{\log_2 3}$

$\qquad\qquad = \dfrac{-\log_2 2}{\log_2 3}$

$\qquad\qquad = -\dfrac{1}{\log_2 3}$

ここで $2 < 3$ より、

$$\log_2 2 < \log_2 3$$
$$\therefore \quad 1 < \log_2 3$$

$\log_2 2 = 1$

よって、

$$0 < \frac{1}{\log_2 3} < 1 < \log_2 3$$

$1 < p$ なら
$0 < \dfrac{1}{p} < 1 < p$

数直線を参考にして、

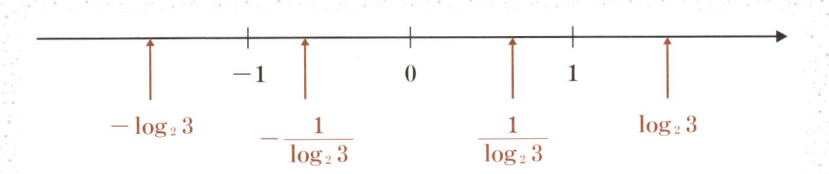

$$-\log_2 3 < -\frac{1}{\log_2 3} < \frac{1}{\log_2 3} < \log_2 3$$

もとに戻して、

$$\log_2 \frac{1}{3} < \log_3 \frac{1}{2} < \log_3 2 < \log_2 3$$

前節と本節で指数関数と対数関数について学んだので、次節ではいよいよこれらの関数を微分していきます！

指数関数と対数関数は互いに逆関数の関係。**2つを対にして理解すると効率的だよ。**

17 対数関数と指数関数を、いざ微分！

　前2節で対数関数と指数関数について学んだので、この節ではいよいよそれぞれを微分していきます。鍵となるのは「**ネイピア数（自然対数の底）**」と呼ばれる数学定数「e」です。この「e」は円周率 π と並んで神が与えたもうたとしか思えない不思議さと魅力を持っています。

　後半は「対数微分法」と呼ばれる便利な計算テクニックにも触れます。

問題

次の関数を微分しなさい。

$$y = (\log x)^x$$

　一見シンプルな関数ですが、これを微分するためには、
- 積の微分（P100）
- 合成関数の微分（P97）
- 対数の微分（本節）
- 対数微分法（本節）

などが必要になり一筋縄ではいきません。

　ただし、あらかじめ申し上げておくと、**本書ではこれより難しい微分は登場しません**。そういう意味で、この問題は微分の（本書における）頂上です！

➤ 自然対数の底 e（ネイピア数）は無理数

指数関数 $y = a^x$ のグラフについては少し前に触れました。ここで、$y = 2^x$ と $y = 3^x$ のグラフを重ねて描いてみたいと思います。

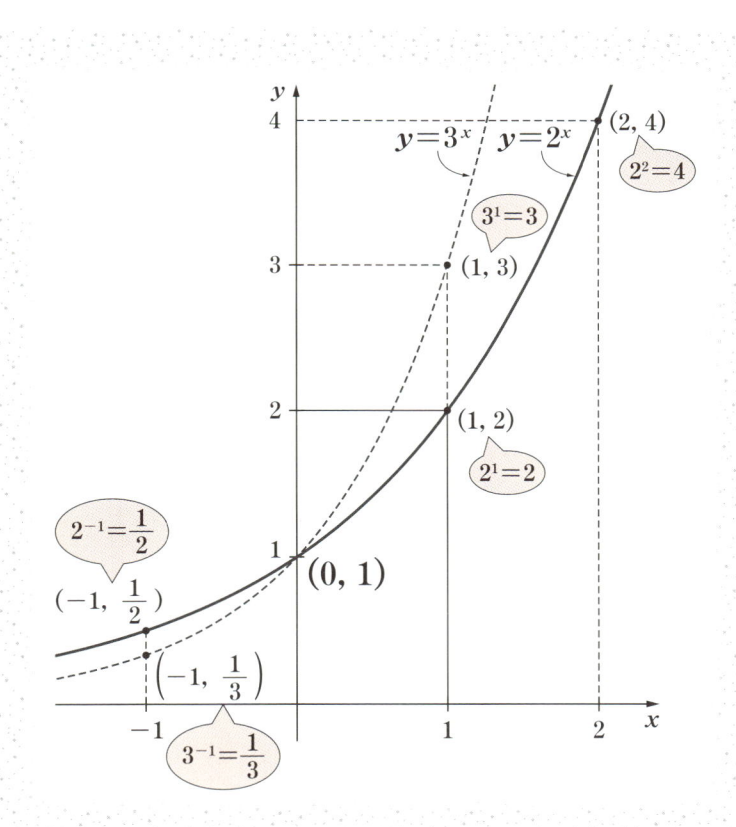

当たり前と言えば当たり前ですが、こうして見ると「$y = 3^x$」のほうが「$y = 2^x$」よりも急勾配ですね。(0, 1) での接線の傾きで比べると、

$y = 3^x$ の (0, 1) での接線の傾き：約 1.10
$y = 2^x$ の (0, 1) での接線の傾き：約 0.69

> これらの値の出し方は後ほど分かります

となっています。

たまたまですが、$y=3^x$ の $(0, 1)$ での接線の傾きが 1 よりちょっと大きくて $y=2^x$ のそれが 1 より小さいわけで、こうなると $(0, 1)$ での接線の傾きがちょうど「1」になるような指数関数が知りたくなってきませんか？（ならない！　という人もどうぞおつきあいください。）

　今、$(0, 1)$ での接線の傾きが「1」になるような指数関数を

$$y = e^x$$

とします（実はこの e が数学における最重要定数の 1 つである「自然対数の底 e」です！）。

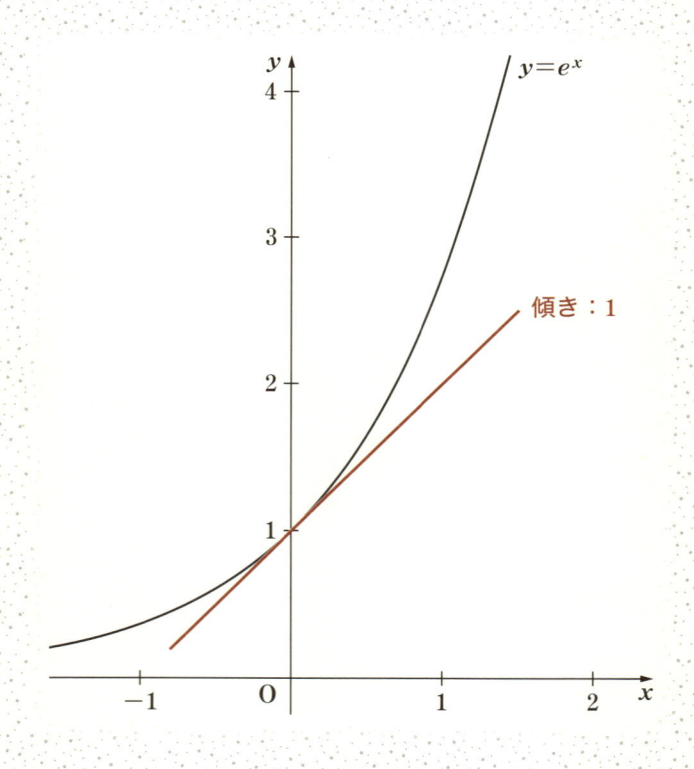

注）$y = e^x$ は、$y = 2^x$ と $y = 3^x$ の間にあるはずなので、e は、小数で表せば「2.……」という 2 と 3 の間の数であることが予想されます。

$y = f(x)$ の $x = a$ における接線の傾きは $f'(a)$ でした（P56）。そこでまず、

$$f(x) = e^x \quad \cdots ①$$

とします。今は $x = 0$ における接線の傾きを計算したいので $f'(0)$ を定義（P56）どおりに求めましょう。

$\boxed{f'(a) = \lim_{h \to 0} \frac{f(a+h) - f(a)}{h}}$

$$\begin{aligned}
f'(0) &= \lim_{h \to 0} \frac{f(0+h) - f(0)}{h} \\
&= \lim_{h \to 0} \frac{f(h) - f(0)}{h} \\
&= \lim_{h \to 0} \frac{e^h - e^0}{h} \quad \text{①より} \\
&= \lim_{h \to 0} \frac{e^h - 1}{h} \quad a^0 = 1
\end{aligned}$$

(0, 1) における接線の傾きが 1 ということは

$$f'(0) = 1$$

なので

$$\lim_{h \to 0} \frac{e^h - 1}{h} = 1$$

ということになります！　上の式は **e を定義する数式の 1 つ**で大変重要なものですが、この結果を丸暗記するのではなく (0, 1) における接線の傾きが 1 になるというグラフのイメージとともに、これを導くプロセスを味わっていただけると幸いです。

　実はこの「e」はとても不思議な数で

$$e = 2.71828182845\cdots$$

と小数点以下が永遠に続き、分数で表すことはできません。つまり無理数

です。この「e」は「ネイピア数」と呼ばれ、自然科学のあらゆる場面に顔を出す大変重要な**数学定数**です（やはり、「2.……」でしたね！）。

余談ですが、以前シリコンバレーの高速道路沿いに無記名で、

$$\left\{ \begin{array}{l} \text{first 10-digit prime found} \\ \text{in consecutive digits of e} \end{array} \right\}.\text{com}$$

とだけ書かれた巨大な看板が掲出されたことがありました。実はこれは Google の求人広告だったのですが、看板のどこにも「Google」の文字はなかったそうです。上の英文は直訳すると

{e の連続する桁で、最初に出てくる 10 桁の素数}.com

という意味で、e の値の小数第 100 位くらいに現れる「7427466391」のことを言っています。当時は「7427466391.com」にアクセスすると次の問題があって、それにも正解するとやっと Google に履歴書が送れる仕組みになっていたそうです。さすが Google ですね。求人広告ひとつとっても随分と楽しませてくれます。

本題に戻りましょう。「e」を底に持つ対数を「自然対数」と言うので、高校ではふつう、この「e」を「**自然対数の底**」と言います。

まとめ 自然対数の底（ネイピア数）の定義その1

次の極限を満たす定数 e をネイピア数（自然対数の底）という。

$$\lim_{h \to 0} \frac{e^h - 1}{h} = 1$$

注）「定義その1」というわけは、後で「e」の別の定義（その2）を紹介するからです。

➤ e^x の微分

定義の 1 つを導いたところで、e の持つ驚くべき性質をご紹介したいと思います。ここでは e を底にした指数関数

$$f(x) = e^x$$

の導関数を求めます。導関数とは「微分係数を接点の x 座標の関数として捉えたもの」でした。その定義（P81）より

$$\begin{aligned}
f'(x) &= \lim_{h \to 0} \frac{f(x+h)-f(x)}{h} \\
&= \lim_{h \to 0} \frac{e^{x+h}-e^x}{h} \\
&= \lim_{h \to 0} \frac{e^x(e^h-1)}{h} \\
&= \lim_{h \to 0} \left\{ e^x \cdot \frac{e^h-1}{h} \right\} \\
&= e^x
\end{aligned}$$

e^x でくくる

$\lim_{h \to 0} \dfrac{e^h-1}{h} = 1$

あれれれ！ なんと e^x の導関数を求めたら（e^x を微分したら）e^x になりました。

$$(e^x)' = e^x$$

微分する前と、微分してから求めた導関数の形が同じ、というのは不思議ですね。e が自然科学の様々な場面に顔を出すのは e^x の、この特殊な性質が関係しています。

➤ 不思議な定数 e の別定義

次は対数関数の微分を行いますが、その前に準備として次の極限を考えます。

$$\lim_{h \to 0} \frac{\log_e(1+h)}{h} \quad \cdots ②$$

なお、e を底に持つ自然対数は（あまりにも頻繁に登場するため）底の e を省略して書くのがふつうです。本書でも今後は、

$$\log_e a \to \log a$$

と省略して書くことにします。

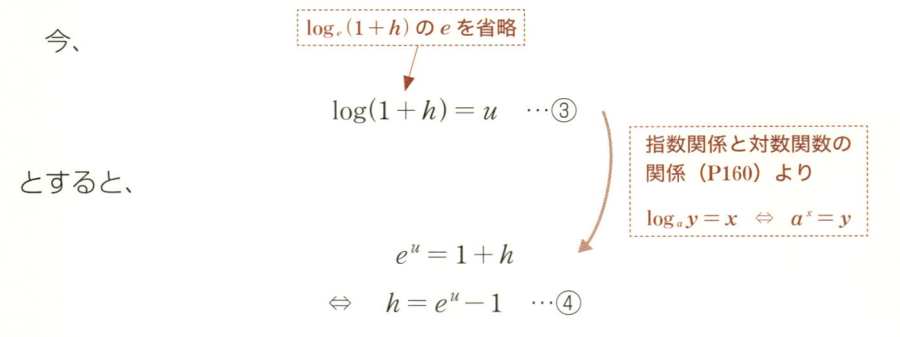

今、

$\log_e(1+h)$ の e を省略

$$\log(1+h) = u \quad \cdots ③$$

とすると、

指数関係と対数関数の関係（P160）より
$\log_a y = x \iff a^x = y$

$$e^u = 1 + h$$
$$\iff h = e^u - 1 \quad \cdots ④$$

また、$h \to 0$ のとき③より

$$u \to \log 1 = 0 \qquad \boxed{\log_a 1 = 0}$$

なので、

$$h \to 0 \iff u \to 0 \quad \cdots ⑤$$

③〜⑤を②式に代入すると、

$$\lim_{h \to 0}\frac{\log(1+h)}{h} = \lim_{u \to 0}\frac{u}{e^u - 1}$$

$$= \lim_{u \to 0}\frac{1}{\frac{e^u - 1}{u}}$$

$$\lim_{h \to 0}\frac{e^h - 1}{h} = 1$$

$$\frac{q}{p} = 1 \times \frac{q}{p}$$
$$= 1 \div \frac{p}{q}$$
$$= \frac{1}{\left(\frac{p}{q}\right)}$$

$$= \frac{1}{1}$$

$$\therefore \quad \lim_{h \to 0}\frac{\log(1+h)}{h} = 1 \quad \cdots ⑥$$

ここで対数の基本性質（P162）から、

$$\frac{\log(1+h)}{h} = \frac{1}{h}\log(1+h)$$

$$= \log(1+h)^{\frac{1}{h}}$$

$r\log_a M = \log_a M^r$

であり、

$$1 = \log e \qquad \log_a a = 1$$

ですから、⑥式は、

$$\lim_{h \to 0}\log(1+h)^{\frac{1}{h}} = \log e$$

となります。つまり、

$$\lim_{h \to 0}(1+h)^{\frac{1}{h}} = e \quad \cdots ⑦$$

です。

注）$\log p = \log q \Leftrightarrow p = q$ としてよい理由

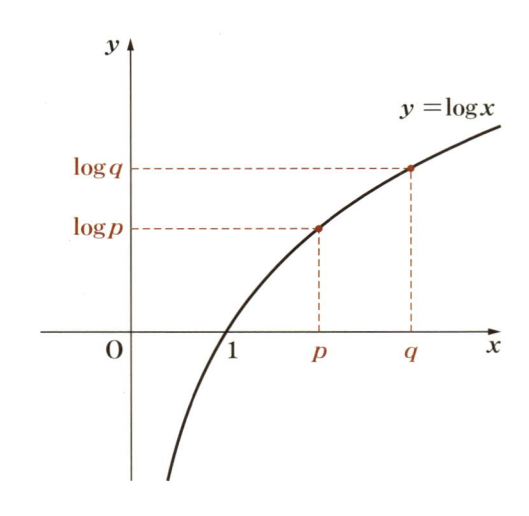

対数関数（$y = \log x$）のグラフ（P170）を見ると、対数関数は x と y がそれぞれ 1 対 1 に対応する関数であることが分かります。これは x と y のどちらか一方の値が違えば他方の値も違うことを意味しています。逆に言うと、x と y のどちらか一方の値が同じであれば、他方の値も同じだということです。つまり、

$$\log p \neq \log q \Leftrightarrow p \neq q$$
$$\log p = \log q \Leftrightarrow p = q$$

です。

「⇔」は「同値（意味が同じ）」という意味で、パソコンやスマホで「どうち」と入力すると変換候補に出てきます（私のものは）。

⑦式において、

$$\frac{1}{h} = x$$

とすると、$h \to 0$ で $x \to \infty$ なので（「1」を限りなく小さい値で割れば、その商は限りなく大きな値になります）

$$\lim_{x \to \infty}\left(1 + \frac{1}{x}\right)^x = e$$

とも書けます。

　実はこれらは別流儀による e の定義です。

　いずれにしても上の極限は「**限りなく 1 に近い数（でも 1 ではない数）を無限回にわたって掛けあわせる**」という意味ですから、確かにある値に収束しそうな気はします。

まとめ 自然対数の底（ネイピア数）の定義その2

$$\lim_{h \to 0}(1+h)^{\frac{1}{h}} = e$$

$$\lim_{x \to \infty}\left(1 + \frac{1}{x}\right)^x = e$$

注）定義その1とその2は互いに独立しているわけではなく、（上で見たように）片方から出発すると他方を導ける関係になっています。

➤ 対数関数の微分

ここまで準備しておけば、対数関数の微分はそう難しくありません。まずは底がネイピア数 e の対数関数（自然対数関数）

$$f(x) = \log x$$

の導関数を求めましょう。いつものように定義（P81）からスタートします。

$$f'(x) = \lim_{h \to 0} \frac{f(x+h) - f(x)}{h}$$

$$= \lim_{h \to 0} \frac{\log(x+h) - \log x}{h}$$

$$= \lim_{h \to 0} \frac{\log \dfrac{x+h}{x}}{h}$$

よって

$$f'(x) = \lim_{h \to 0} \frac{\log\left(1 + \dfrac{h}{x}\right)}{h} \quad \cdots ⑧$$

ここで

$$\frac{h}{x} = t \quad \cdots ⑨$$

とすると、

$$h = xt \quad \cdots ⑩$$

また、$h \to 0$ のとき $t \to 0$ なので、⑧式は上の⑨、⑩、また⑥式より次ページのような変形ができます。

$$f'(x) = \lim_{t \to 0} \frac{\log(1+t)}{xt}$$

$$= \lim_{t \to 0} \left\{ \frac{\log(1+t)}{t} \cdot \frac{1}{x} \right\}$$

$$= 1 \cdot \frac{1}{x}$$

⑥式 (P181) より
$$\lim_{h \to 0} \frac{\log(1+h)}{h} = 1$$

$$\therefore \quad f'(x) = (\log x)' = \frac{1}{x} \quad \cdots ⑪$$

次に一般の対数関数についても導関数を求めますが、⑪式と底の変換公式（P167）を使えばすぐに求まります。

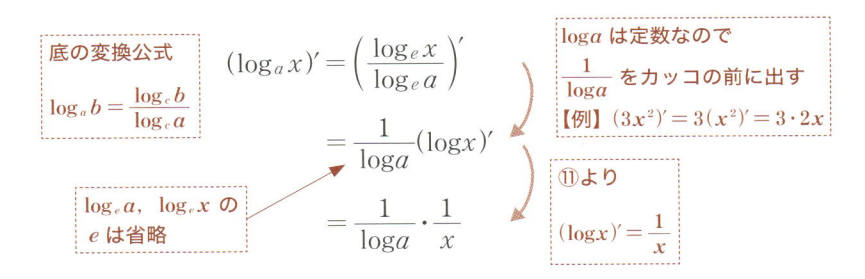

底の変換公式
$$\log_a b = \frac{\log_c b}{\log_c a}$$

$$(\log_a x)' = \left(\frac{\log_e x}{\log_e a} \right)'$$

$\log_e a$, $\log_e x$ の e は省略

$$= \frac{1}{\log a} (\log x)'$$

$$= \frac{1}{\log a} \cdot \frac{1}{x}$$

$\log a$ は定数なので $\frac{1}{\log a}$ をカッコの前に出す
【例】 $(3x^2)' = 3(x^2)' = 3 \cdot 2x$

⑪より
$(\log x)' = \frac{1}{x}$

まとめ 対数関数の微分

$$(\log x)' = \frac{1}{x}$$

$$(\log_a x)' = \frac{1}{\log a} \cdot \frac{1}{x}$$

17 対数関数と指数関数を、いざ微分！

➤ 対数微分法の準備

以上で対数関数は微分できるようになりました。次は指数関数 $y = a^x$ を微分したいと思いますが、それには「**対数微分法**」というテクニックが必要です。ここではそのための準備をしたいと思います。突然ではありますが、x の関数である y を真数（P160）に持つ対数関数

$$z = \log y \quad [\text{ただし、} y = f(x) \quad \text{かつ} \quad y > 0]$$

を x で微分することを考えます。

合成関数の微分（P97）より

$$z' = \frac{dz}{dx} = \frac{dz}{dy} \cdot \frac{dy}{dx} \quad \text{合成関数の微分}$$

$$= \frac{1}{y} \cdot y'$$

$$= \frac{y'}{y}$$

$z = \log y$ を y で微分すると $\dfrac{dz}{dy} = \dfrac{1}{y}$

$$\therefore \quad (\log y)' = \frac{y'}{y} \quad \cdots ⑫$$

注）「p を q で微分する」というのは、p を q の関数と考えて（他の文字は定数と考えて）$\dfrac{dp}{dq}$ を求めることを意味します。すなわち $\displaystyle\lim_{\Delta q \to 0} \dfrac{\Delta p}{\Delta q}$ を考えることです。例えば、

$$z = x^2 y^3$$

のとき、z を x で微分すると

$$\frac{dz}{dx} = (x^2 y^3)' = y^3 (x^2)' = y^3 \cdot 2x = 2xy^3$$

y^3 は定数としてカッコの前に出せる

ですが、z を y で微分すると

$$\frac{dz}{dy} = (x^2 y^3)' = x^2 (y^3)' = x^2 \cdot 3y^2 = 3x^2 y^2$$

x^2 は定数としてカッコの前に出せる

となります。

➤ 指数関数の微分

いよいよ指数関数 $y = a^x$ を微分します。頂上までもうすぐです。指数関数は対数を使うことで微分することができます。具体的には下のような手法を使います。

$y = a^x$ の両辺に底を e とする対数（自然対数）を取ると（下の注参照）、

$$\log y = \log a^x \\ = x \cdot \log a$$

$\log_a M^r = r \log_a M$

よって、

$$\log y = \log a \cdot x \quad \cdots ⑬$$

注）p および q が正の実数であるとき、

$$p = q \iff \log_a p = \log_a q$$

であること（P182）を使って、「$p = q$」という式から「$\log_a p = \log_a q$」をつくることを「**対数を取る**」という言い方をします。

⑬式の両辺を x で微分すると、

$$(\log y)' = \log a \cdot 1 = \log a$$

$\log a$ は定数なので
$(2x)' = 2 \cdot 1 = 2$
と同様

⑫を使って、

$$\frac{y'}{y} = \log a$$

$$y' = y \cdot \log a \\ = a^x \log a$$

$y = a^x$

$$\therefore \quad (a^x)' = a^x \log a$$

このように両辺の対数を取ってから微分を行って導関数を求める方法を「**対数微分法**」と言います。指数関数や複雑な累乗になっている関数を微分する際などには、強力な武器になるテクニックです。

ちなみに $a = e$ のときは、

$$(e^x)' = e^x \log e$$
$$= e^x \cdot 1$$
$$= e^x$$

で先ほど求めたもの（P179）と一致します。

まとめ 　指数関数の微分

$$(a^x)' = a^x \log a$$
$$(e^x)' = e^x$$

注）一般の指数関数の微分は次のようにして求めることもできます。

$$a = e^{\log a}$$
$$\Rightarrow \quad a^x = (e^{\log a})^x = e^{x\log a}$$
$$(a^x)' = (e^{x\log a})'$$
$$= e^{x\log a} \cdot \log a$$
$$= (e^{\log a})^x \log a$$
$$= a^x \log a$$

$e^p = a$ とすると定義より
$p = \log a \quad \Rightarrow \quad e^{\log a} = a$

合成関数の微分

$e^{\log a} = a$

解答

問題は 174 ページ

$$y = (\log x)^x$$

の両辺の対数を取ります。

$$\log y = \log(\log x)^x$$
$$= x\log(\log x)$$

$\log_a M^r = r\log_a M$

両辺を x で微分します。積の微分（P100）と合成関数の微分（P97）を使って、

$$(\log y)' = \{x \cdot \log(\log x)\}'$$

$(\log y)' = \dfrac{y'}{y}$

$$\dfrac{y'}{y} = (x)'\{\log(\log x)\} + x \cdot \{\log(\log x)\}'$$

$(f \cdot g)' = f' \cdot g + f \cdot g'$

$$= 1 \cdot \{\log(\log x)\} + x \cdot \left(\dfrac{1}{\log x} \cdot \dfrac{1}{x}\right)$$

$(\log x)' = \dfrac{1}{x}$

外の微分　中の微分

$$= \log(\log x) + \dfrac{1}{\log x}$$

$$\therefore \quad y' = y \cdot \left\{\log(\log x) + \dfrac{1}{\log x}\right\}$$

$$= (\log x)^x \left\{\log(\log x) + \dfrac{1}{\log x}\right\}$$

$y = (\log x)^x$

最後の問題は、目がクラクラした人もいるかもしれないね。でもこれができれば**微分計算については免許皆伝！** 諦めずに頑張って!!

18 応用編①：関数の最大値と最小値

前節までで微分計算のテクニックのお話は終わりです。この後はいよいよ微分を応用していくわけですが、微分が最も活躍するのは何と言っても**関数の最大値や最小値を求めるシーン**です。与えられた（あるいは自分で得た）関数を微分して**増減表**（P83）をつくることができれば、最大値と最小値が求められます。

問題

下図のように

$$AB = CD = DA = a \quad (a \text{ は定数})$$

$$\angle ABC = \angle DCB = \theta \quad \left(0 < \theta < \frac{\pi}{2}\right)$$

の台形 ABCD がある。θ を変数として四角形 ABCD の面積の最大値を求めなさい。

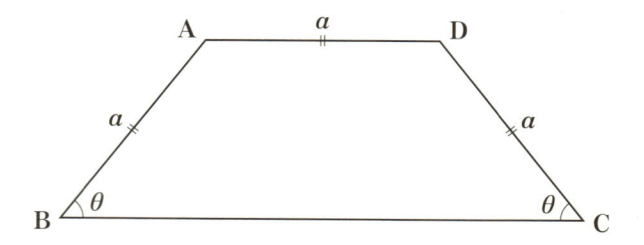

➤ **微分を使って最大値・最小値を求めるには**

問題の解答に入る前に、単純な例で、微分を使って最大値や最小値を求める練習をしておきましょう。手順は以下のとおりです。

> **まとめ** 最大値・最小値を求める手順
> (1) 最大値や最小値を知りたい量について関数をつくる。
> (2) 独立変数の値の範囲（定義域）を確認する。
> (3) 微分して導関数を求める。
> (4) 増減表をつくる（グラフを描く）。

最初から関数が与えられている場合は、手順（1）を省くことができます。関数が与えられてないときは最大値や最小値が何の関数になっているのか、言い換えれば**何によって決まる数なのかを突き止める**ことが第一歩になります。

$y = f(x)$ のとき、自由に値を決められる入力値 x のことを「独立変数」、x によって決まる出力値 y のことを「従属変数」と呼ぶことはすでに書きました（P142）が、現実の問題では独立変数の範囲に制限があるほうがふつうです。**独立変数の値の範囲のことを「定義域」、従属変数の値の範囲のことは「値域」**と言います。最大値・最小値問題というのは結局、ある定義域における値域の一番大きな値と一番小さな値を求める問題のことです。

定義域を確認したら、**得られた関数を微分して導関数を求めます**。最後に導関数の符号を調べて**増減表が書ければ**、最大値・最小値問題は解決です！

なお増減表をもとにしてグラフを描けば最大値や最小値が視覚的にはっきり分かりますが、慣れてくれば必ずしもグラフを描く必要はありません。

では練習してみましょう。次のような関数を考えます。

$$f(x) = \frac{1}{3}x^3 - 3x^2 + 5x + 1 \quad (0 \leq x \leq 7)$$

ここではすでに関数は与えられていて、x の範囲（定義域）も分かっているので、手順（1）と手順（2）は省略できます。

さっそく $f'(x)$ を求めましょう。

$$\begin{aligned} f'(x) &= \frac{1}{3} \cdot 3x^2 - 3 \cdot 2x + 5 \cdot 1 + 0 \\ &= x^2 - 6x + 5 \\ &= (x-1)(x-5) \end{aligned}$$

$y = f'(x)$ は2次関数なので、グラフは放物線です。

$$\begin{aligned} &f'(x) = 0 \\ &\Leftrightarrow \quad (x-1)(x-5) = 0 \\ &\Leftrightarrow \quad x-1 = 0 \text{ or } x-5 = 0 \\ &\Leftrightarrow \quad x = 1 \text{ or } x = 5 \end{aligned}$$

よって x 軸とは「$x = 1$ と $x = 5$」で交わります。グラフは次のとおり。

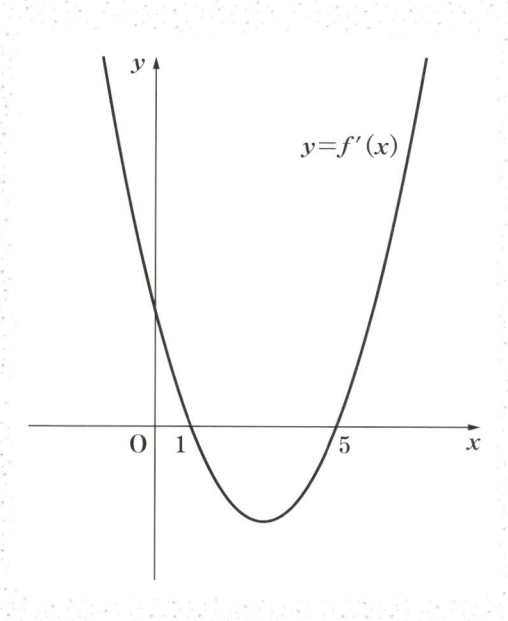

上のグラフを見ながら、増減表を書きます。ここで注意したいのは**増減表の中に定義域を書き込む**ことです！

定義域を書き込む

x	0		1		5		7
$f'(x)$		$+$	0	$-$	0	$+$	
$f(x)$	1	↗	$\dfrac{10}{3}$	↘	$-\dfrac{22}{3}$	↗	$\dfrac{10}{3}$

次ページの①より　②より　③より　④より

前ページの $f(x)$ の各値は、下記の計算結果です。

$$f(0) = \frac{1}{3} \cdot 0^3 - 3 \cdot 0^2 + 5 \cdot 0 + 1$$

$$= 0 - 0 + 0 + 1 = \mathbf{1} \quad \cdots ①$$

$$f(1) = \frac{1}{3} \cdot 1^3 - 3 \cdot 1^2 + 5 \cdot 1 + 1$$

$$= \frac{1}{3} - 3 + 5 + 1 = \frac{1}{3} + 3$$

$$= \mathbf{\frac{10}{3}} \quad \cdots ②$$

$$f(5) = \frac{1}{3} \cdot 5^3 - 3 \cdot 5^2 + 5 \cdot 5 + 1$$

$$= \frac{125}{3} - 75 + 25 + 1$$

$$= \frac{125}{3} - 49 = \frac{125 - 147}{3}$$

$$= -\mathbf{\frac{22}{3}} \quad \cdots ③$$

$$f(7) = \frac{1}{3} \cdot 7^3 - 3 \cdot 7^2 + 5 \cdot 7 + 1$$

$$= \frac{343}{3} - 147 + 35 + 1$$

$$= \frac{343}{3} - 111 = \frac{343 - 333}{3}$$

$$= \mathbf{\frac{10}{3}} \quad \cdots ④$$

以上より、

最小値：$f(5) = -\dfrac{22}{3}$

最大値：$f(1) = f(7) = \dfrac{10}{3}$

と分かりました。

ちなみに $y = f(x)$ のグラフは次のようになります。

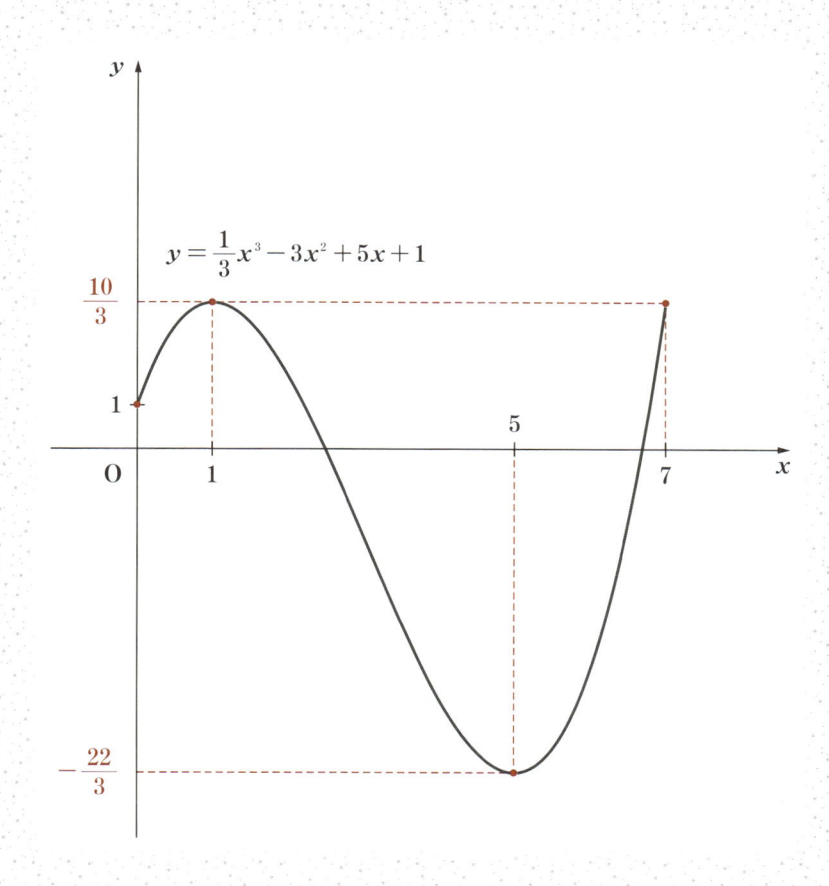

$y = \dfrac{1}{3}x^3 - 3x^2 + 5x + 1$

微分を使って最大値や最小値を求める方法が分かったところで冒頭の問題の解答に入ります。

解答

問題は 190 ページ

まずは与えられた台形の面積を求めましょう。A と D から BC に下ろした垂線の足をそれぞれ E と F とします。

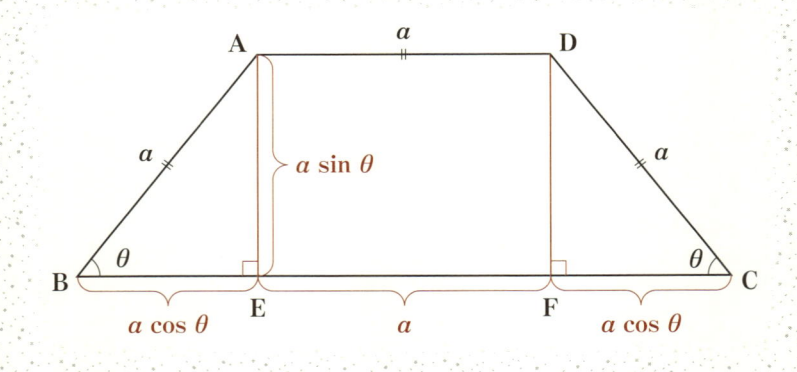

三角比の基本的な関係を表す図（P108）を使うと、

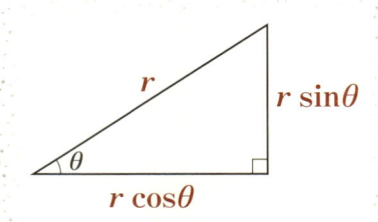

高さ $= \mathrm{AE} = a\sin\theta$

底辺 $= \mathrm{BC} = \mathrm{BE} + \mathrm{EF} + \mathrm{FC} = a\cos\theta + a + a\cos\theta = a + 2a\cos\theta$

となることが分かりますね。

これより、台形の面積は、

$$(\text{上辺} + \text{下辺}) \times \text{高さ} \times \frac{1}{2} = (\boldsymbol{AD} + \boldsymbol{BC}) \times \boldsymbol{AE} \times \frac{1}{2}$$

$$= (\boldsymbol{a} + \boldsymbol{a} + 2\boldsymbol{a}\cos\boldsymbol{\theta}) \times \boldsymbol{a}\sin\boldsymbol{\theta} \times \frac{1}{2}$$

$$= 2a(1 + \cos\theta) \times a\sin\theta \times \frac{1}{2}$$

$$= a^2(1 + \cos\theta)\sin\theta$$

a は定数なので、台形 ABCD の面積は θ の値によって変わります。ということは……そうです！ **台形 ABCD の面積は θ の関数**です。

そこで、

$$f(\theta) = a^2(1 + \cos\theta)\sin\theta$$

としましょう。

定義域（θ の範囲）は問題文にあるとおり、

$$0 < \theta < \frac{\pi}{2}$$

です。

では $f(\theta)$ を微分して $f'(\theta)$ を求めます。**三角関数の微分**（P134）**と積の微分の公式**（P100）を使いますよ！

目標は $f'(\theta)$ の符号を調べることなので、1種類の三角関数にそろえて (sin のみ、あるいは cos のみにするという意味です) 因数分解します。

$$
\begin{aligned}
f'(\theta) &= a^2\{(1+\cos\theta)'\sin\theta + (1+\cos\theta)(\sin\theta)'\} \\
&= a^2\{(0-\sin\theta)\sin\theta + (1+\cos\theta)\cos\theta\} \\
&= a^2(-\sin^2\theta + \cos\theta + \cos^2\theta) \\
&= a^2\{-(1-\cos^2\theta) + \cos\theta + \cos^2\theta\} \\
&= a^2(2\cos^2\theta + \cos\theta - 1) \\
&= a^2(\cos\theta + 1)(2\cos\theta - 1)
\end{aligned}
$$

> $\cos^2\theta + \sin^2\theta = 1$ より
> $\sin^2\theta = 1 - \cos^2\theta$

> $(f \cdot g)' = f' \cdot g + f \cdot g'$
> $(\cos\theta)' = -\sin\theta$
> $(\sin\theta)' = \cos\theta$

> $acx^2 + (ad+bc)x + bd$
> $= (ax+b)(cx+d)$

注) 一般に

$$acx^2 + (ad+bc)x + bd = (ax+b)(cx+d)$$

の因数分解は簡単ではありませんが、x^2 の係数「ac」と定数項「bd」から下の図のようないわゆる「**たすき掛け**」を行って探します。

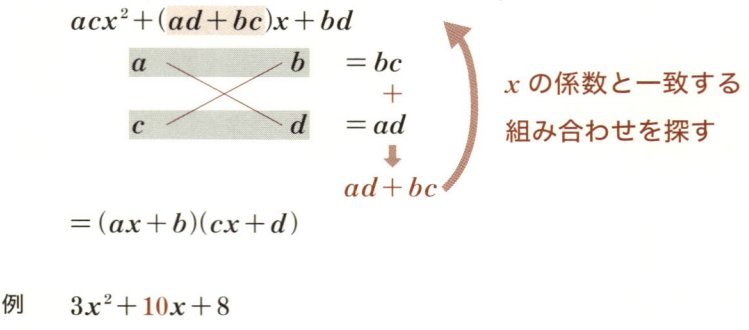

$$acx^2 + (ad+bc)x + bd$$

a ＼ b $= bc$
 ╳ $+$
c ／ d $= ad$
    ↓
   $ad + bc$

x の係数と一致する組み合わせを探す

$$= (ax+b)(cx+d)$$

例　$3x^2 + 10x + 8$

1 ＼ 2 $= 6$
 ╳ $+$
3 ／ 4 $= 4$
   ↓
   10

$= (x+2)(3x+4)$

ここで三角関数の定義の図（P113）をご覧ください。

定義域は「$0 < \theta < \dfrac{\pi}{2}$」なので、座標軸の第1象限（右上領域）だけ考えます。また直角三角形において各辺の比が $1 : 2 : \sqrt{3}$ のとき、$\theta = \dfrac{\pi}{3}$ (60°) であることにも注意しましょう。

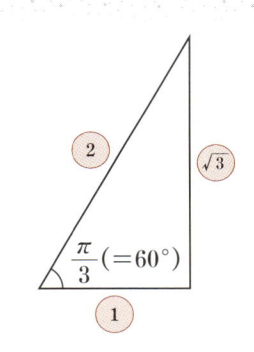

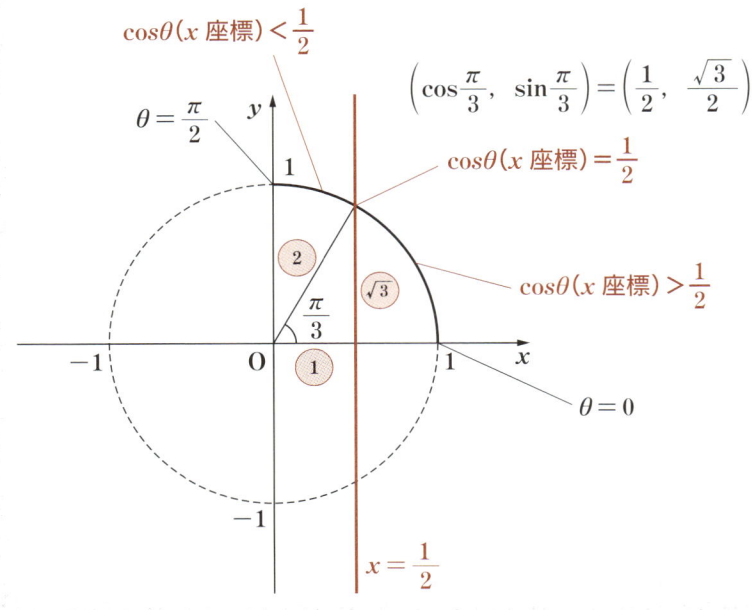

前ページの図を見ながら確かめると

- $0 < \theta < \dfrac{\pi}{3}$ $\Rightarrow$ $\cos\theta > \dfrac{1}{2}$ $\Rightarrow$ $2\cos\theta - 1 > 0$ **＋**
- $\theta = \dfrac{\pi}{3}$ $\Rightarrow$ $\cos\theta = \dfrac{1}{2}$ $\Rightarrow$ $2\cos\theta - 1 = 0$ **0**
- $\dfrac{\pi}{3} < \theta < \dfrac{\pi}{2}$ $\Rightarrow$ $\cos\theta < \dfrac{1}{2}$ $\Rightarrow$ $2\cos\theta - 1 < 0$ **−**

であることが分かりますね。先ほど微分後、因数分解した

$$f'(\theta) = a^2(\cos\theta + 1)(2\cos\theta - 1)$$

において

$$a^2 > 0, \ \cos\theta + 1 > 0$$

は明らかなので結局、**$f'(\theta)$ の符号は $(2\cos\theta - 1)$ の符号と一致**します。
はい！　これで増減表を書くための準備が整いました。

θ	0		$\dfrac{\pi}{3}$		$\dfrac{\pi}{2}$
$f'(\theta)$		＋	0	−	
$f(\theta)$		↗	最大値	↘	

これより、「$\theta = \dfrac{\pi}{3}$」のとき最大になることが分かりました！

よって、求める最大値は

$$f\left(\dfrac{\pi}{3}\right) = a^2\left(\cos\dfrac{\pi}{3} + 1\right)\sin\dfrac{\pi}{3}$$
$$= a^2 \times \left(\dfrac{1}{2} + 1\right) \times \dfrac{\sqrt{3}}{2}$$
$$= \dfrac{3}{2} \times \dfrac{\sqrt{3}}{2} \times a^2$$
$$= \dfrac{3\sqrt{3}}{4}a^2$$

$\cos\dfrac{\pi}{3} = \dfrac{1}{2}$，$\sin\dfrac{\pi}{3} = \dfrac{\sqrt{3}}{2}$
（前々ページの図参照）

と求まります。

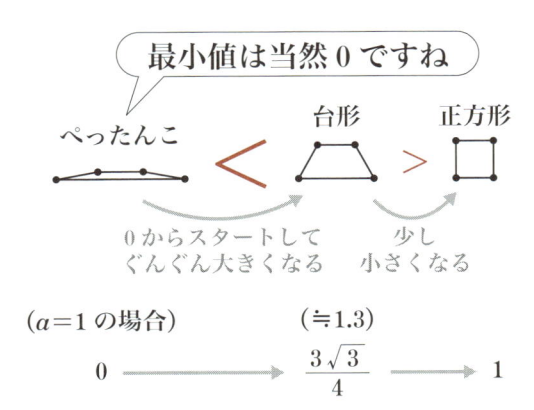

最小値は当然 0 ですね

ぺったんこ ＜ 台形 ＞ 正方形

0からスタートして　少し
ぐんぐん大きくなる　小さくなる

（$a=1$ の場合）　　　（≒1.3）

0 ────→ $\dfrac{3\sqrt{3}}{4}$ ────→ 1

関数さえ手に入れば、**微分という分析からいつでも最大値や最小値が求まる。**だからこそ関数を見つけることがとても大事なんだ。

19 応用編②：直線で近似する

　微分が最大値や最小値を求める際に大きな力を発揮するのは前節で見たとおりですが、**微分のもう1つの主戦場は近似です**。実社会においては複雑で長大な計算の末に厳密な値を算出することよりも、単純で手短な計算で「だいたいの値」を出すことのほうが高い価値を持つということが少なくありません。微分を使えば、$y=f(x)$ がどんなに複雑な関数であっても（x の変化分が十分小さいときは）**$f(x)$ を 1 次関数 ＝ 最も簡単な関数で近似することができます**。

問題

> 金利が年 0.2％の定期預金に 100 万円を 20 年預けた場合の元利合計がおよそいくらになるかを簡単な計算で求めなさい。ただし利子は複利とする。

　「複利」というのは複利法によって計算された利子のことで、「複利法」とは元金と利子の合計を次期の元金として利息を計算する方法のことを言います。一般に元金が a 円で年利が r ％の場合、複利法による元利合計は次のとおりです。

1 年後：$a + a \times \dfrac{r}{100} = a\left(1+\dfrac{r}{100}\right)$

2 年後：$a\left(1+\dfrac{r}{100}\right) + a\left(1+\dfrac{r}{100}\right) \times \dfrac{r}{100} = a\left(1+\dfrac{r}{100}\right)\left(1+\dfrac{r}{100}\right) = a\left(1+\dfrac{r}{100}\right)^2$

3 年後：$a\left(1+\dfrac{r}{100}\right)^2 + a\left(1+\dfrac{r}{100}\right)^2 \times \dfrac{r}{100} = a\left(1+\dfrac{r}{100}\right)^2\left(1+\dfrac{r}{100}\right) = a\left(1+\dfrac{r}{100}\right)^3$

4 年後：$a\left(1+\dfrac{r}{100}\right)^3 + a\left(1+\dfrac{r}{100}\right)^3 \times \dfrac{r}{100} = a\left(1+\dfrac{r}{100}\right)^3\left(1+\dfrac{r}{100}\right) = a\left(1+\dfrac{r}{100}\right)^4$

これらから分かるように、複利法による n 年後の元利合計は

$$a\left(1+\frac{r}{100}\right)^n \quad [円]$$

になります。

　この計算は簡単ではありません。2 年後や 3 年後ならともかく 10 年後や 20 年後の計算は電卓なしではほとんど無理です……ところが、低金利時代と言われて久しい現代であれば、本当は面倒なはずの複利計算の近似が簡単にできます（低金利は哀しいことですが）。

➤ 関数を 1 次関数で近似する方法

　ある関数 $f(x)$ において $f(a+h)$ の値を 1 次式で近似することを考えます。

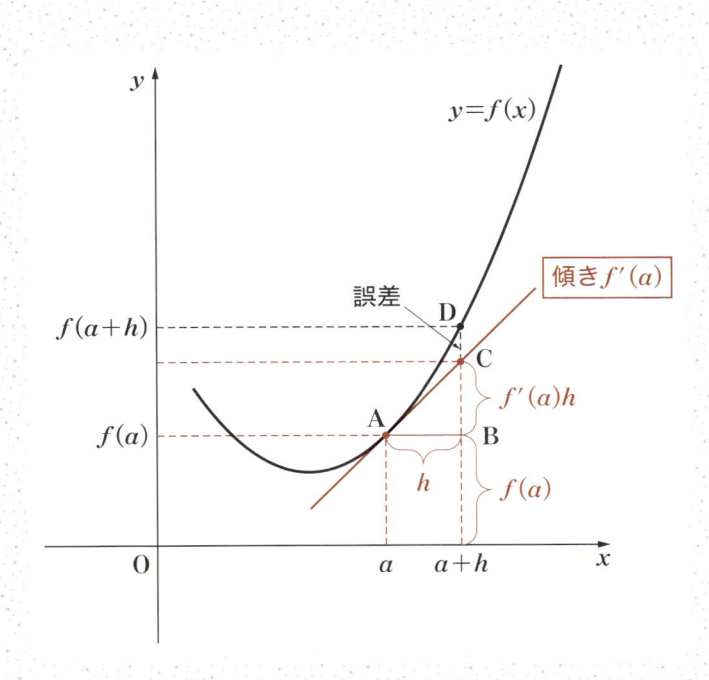

前ページのグラフで直線 AC は $y=f(x)$ の $x=a$ における接線なので、傾きは**微分係数** $f'(a)$（P56）ですね。ここで AB の長さを h とすると、

$$\text{傾き} = \frac{\text{BC}}{\text{AB}} = \frac{\text{BC}}{h} = f'(a)$$

より、

$$\text{BC} = f'(a)h$$

図から分かるように、

$$f(a+h) = f(a) + f'(a)h + \text{CD}$$

です。
　ここで h が十分小さいとき CD の長さはとても小さくなるので、

$$f(a+h) \fallingdotseq f(a) + f'(a)h$$

とできます。
　$a+h=x$ とすると、

$$f(x) \fallingdotseq f(a) + f'(a)(x-a)$$

$a+h=x$ より
$h=x-a$

　a は定数なので、上の式は、x が a に近いとき、$f(x)$ を 1 次関数（直線）で**近似できる**ことを示しています。このような近似を「**1 次近似**」と言います。特に $a=0$ のとき、上の式より、

$$f(x) \fallingdotseq f(0) + f'(0)x$$

> **まとめ** 1 次近似式
>
> x の値が a に近いとき、
>
> $$f(x) \fallingdotseq f(a) + f'(a)(x - a)$$
>
> 特に x の値が 0 に近いとき、
>
> $$f(x) \fallingdotseq f(0) + f'(0)x$$

x の変化によって $f(x)$ がどのように変化するかを捉えるのは一般には簡単ではありませんが、1 次関数はなんと言ってもグラフが直線ですから、その変化を捉えることがぐっと簡単になります。

さっそく使ってみましょう。

$$f(x) = \sin x$$

とします。三角関数の微分（P134）より、

$$f'(x) = \cos x$$

ですね。x が 0 に近いときの 1 次近似式（上のまとめ）から、

$$f(x) \fallingdotseq f(0) + f'(0)x$$

なので、

$$\sin x \fallingdotseq \sin 0 + \cos 0 \cdot x$$
$$= 0 + 1 \cdot x = x$$

（下の注参照）

注）

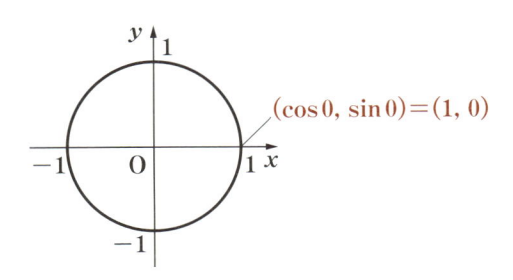

$(\cos 0, \sin 0) = (1, 0)$

なんと、x が 0 に近い値のとき「$y = \sin x$」は「$y = x$」で近似できるようです！

ここで

「ああ〜なるほど」

と思ったあなたは相当鋭い人です！

説明します。

三角関数の微分を勉強したときに次の極限を紹介しました（P132）。

$$\lim_{\theta \to 0} \frac{\sin \theta}{\theta} = 1$$

この極限は θ が限りなく 0 に近づくとき、「$\frac{\sin \theta}{\theta}$」は確かに「1」というゴールに近づく、という意味ですが、見方を変えれば、θ が 0 に近い値ならば、

$$\frac{\sin \theta}{\theta} \fallingdotseq 1$$

であることを示唆(しさ)しています。すなわち、

$$\sin \theta \fallingdotseq \theta$$

です。

これは今得られた x が 0 に近いときの近似式

$$\sin x \fallingdotseq x$$

と本質的に同じです。

実際「$y = \sin x$」と「$y = x$」のグラフを重ねて描いてみると、

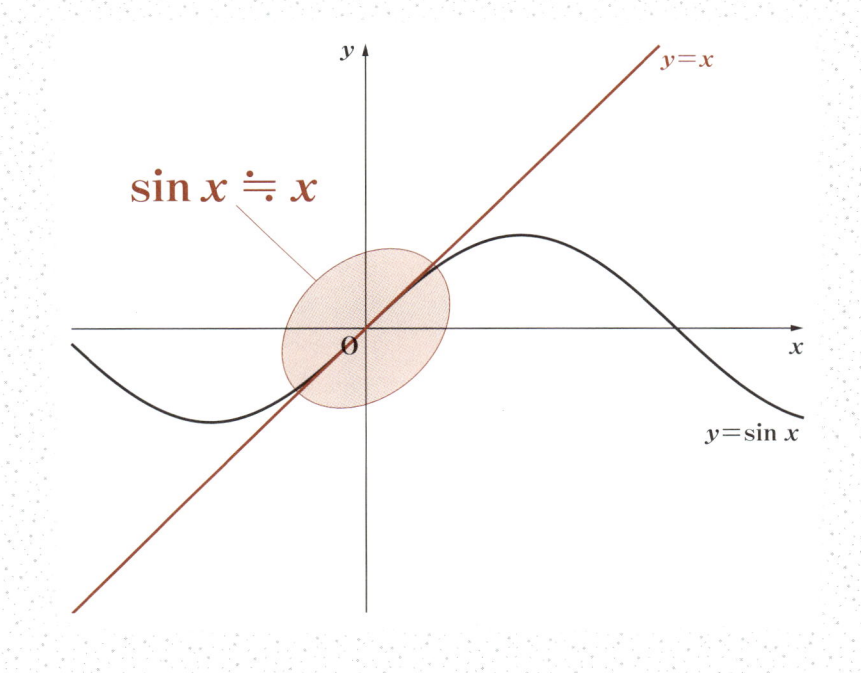

$$\sin x \fallingdotseq x$$

$y = x$

$y = \sin x$

　原点付近（x が 0 に近いところ）では 2 つのグラフがほとんど重なっていることが分かりますね。

　実際、$x = \dfrac{\pi}{180}$（$= 1°$）のとき、関数電卓を使って計算してみると、

$$\sin \dfrac{\pi}{180} = 0.017452406\cdots$$

$$\dfrac{\pi}{180} = 0.017453292\cdots$$

$a°$ は弧度法（ラジアン）では

$$\theta = \dfrac{a\pi}{180}$$

より小数第 5 位まで等しいので「$\sin x \fallingdotseq x$」は〝良い近似〟です。

➤ $(1+x)^n$ の近似

三角関数以外の近似も紹介します。それは

$$f(x) = (1+x)^n \quad \cdots ①$$

という関数の近似です。これは冒頭（P202）の問題を解くのに必要で、また物理や化学などでもよく使う有名な近似です。上の $f(x)$ を合成関数の微分（P97）を使って微分すると、

$$f'(x) = \underbrace{n(1+x)^{n-1}}_{\text{外の微分}} \cdot \underbrace{(1+x)'}_{\text{中の微分}}$$

$$= n(1+x)^{n-1} \cdot (0+1)$$

$$= n(1+x)^{n-1} \quad \cdots ②$$

なので、x が 0 に近い値のときの 1 次近似式（P205）

$$f(x) ≒ f(0) + f'(0)x$$

に①と②および $f(0) = (1+0)^n$ を入れると、

$$(1+x)^n ≒ (1+0)^n + n(1+0)^{n-1} \cdot x$$

$$= 1^n + n \cdot 1^{n-1} \cdot x$$

$$= 1 + nx$$

です。

まとめ $(1+x)^n$ **の近似**

x が 0 に近い値のとき、

$$(1+x)^n ≒ 1 + nx$$

解答

問題は 202 ページ

では問題の解答に入っていきます。

先ほど元金が a 円で年利が $r\%$ の場合、複利法による n 年後の元利合計は、

$$a\left(1+\frac{r}{100}\right)^n \quad [円]$$

になることが分かりました。

この問題は $a=100$ [万円]、$r=0.2$ [%]、$n=20$ [年] のケースですから

$$100\left(1+\frac{0.2}{100}\right)^{20} = 100(1+0.002)^{20} \quad [万円]$$

です。でもこの 0.002 というのはとても小さいので、先ほどの近似が使えそうです。

x が 0 に近い値のとき、

$$(1+x)^n \fallingdotseq 1+nx$$

なので、

$$(1+x)^{20} \fallingdotseq (1+20x)$$
$$\Leftrightarrow \quad 100(1+x)^{20} \fallingdotseq 100(1+20x)$$

より、$x=0.002$ のとき、

$$100(1+0.002)^{20} \fallingdotseq 100(1+20\times 0.002)$$
$$= 100(1+0.04)$$
$$= 100\times 1.04$$
$$= 104$$

はい！　104万円です！（20年預けても利子は4万円なんですね…）
さて、この近似はどの程度正しいのでしょうか？

関数電卓を使って計算してみると、

$$100(1+0.002)^{20} = 104.0769\cdots$$

なので、まあそこそこ良い精度の近似だと言えるでしょう。

➤ こんな時代だから使える近似式

ちなみに、バブル時代のように利息が8％（40倍！）の場合、同じく100万円を20年預けたとして上の近似を使ってしまうと、

$$100(1+0.08)^{20} \fallingdotseq 100(1+20\times 0.08)$$
$$= 100\times(1+1.6)$$
$$= 100\times 2.6$$
$$= 260$$

で260万円となります。
一方、近似を使わずに実際に計算してみると、

$$100(1+0.08)^{20} = 466.0957\cdots$$

より、元利合計は466万円強ですから全然違いますね。

バブル時代には上の近似を使うことはできませんが、低金利時代が続く間は、ある年数が経ったときの預金の元利合計は

元利合計 ≒ 元金×(1＋預金年数×利息)

で概算できます。

> **まとめ** 低金利時代の預金近似式
>
> **元利合計 ≒ 元金×(1＋預金年数×利息)**

余力のある人は、利息がどれくらいまでならこの近似が使えるか、関数電卓を使ってぜひ試してみてくださいね。

さて、これで長かった微分篇は終わりです。お疲れ様でした！

次節からは積分に入っていきます。最初に、「積分は微分の逆演算（掛け算と割り算のような関係）である」という**微積分の基本定理**を学んでしまえば、あとはそう難しくありません（計算が面倒なときはありますが）。

> 微分を使って近似ができるのは、**グラフ（関数）を微かなものに分けると曲線を直線で近似できる**からだよ。

第2部
積分の巻

20 積分とは？——微積分の基本定理

さあ、ここからは「積分」ですが、いきなり一番大事なことを学びます。それは

「微分と積分は互いに逆演算(ぎゃくえんざん)の関係にある」

という、いわゆる「**微積分の基本定理**」です。

この節では人類が到達した真理のなかでも特別の輝きを放つこの定理を掘り下げて、その偉大さを一緒に感じてもらいたいと思います。

問題

$y = f(x)$ と $x = a$, $x = b$ ($a < b$) および x 軸で囲まれる下記の図形の面積 S を考えます。

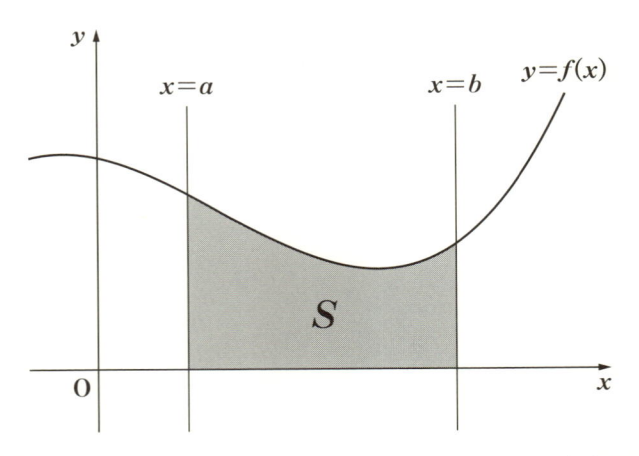

今、$F(x)$ の導関数が $f(x)$ のとき（すなわち $F'(x) = f(x)$ のとき）、

$$S = F(b) - F(a)$$

であることを示しなさい。

この問題はもしかしたら本書のなかで最も難しい問題かもしれません。なぜなら、これこそが2人の天才ニュートンとライプニッツが到達した**「微積分の基本定理」**そのものだからです。

　順を追ってじっくり説明させてもらいます。

➤「積分」の語源

　そもそも「積分」は「微分」とともに中国から輸入された言葉です。もともとは19世紀半ばにイギリス人の宣教師アレクサンダー・ワイリー（Alexander Wylie）と中国人数学者の李善蘭（りぜんらん）が協同で翻訳した**『代微積拾級』**（1850年）のなかで使われたのがきっかけで広く知られるようになりました。「代微積拾級」は幕末の日本にも伝わり、大きな影響を及ぼしたので、本のなかに登場する「微分」と「積分」もそのまま日本語になったようです。

　　　注）原著はアメリカ人の Elias Loomis が著した『解析幾何学と微分積分の初歩』
　　　　　　"Elements of Analytical Geometry and of Differential and Integral Calculus"
　　　　　　　　　　　　　　（解析幾何学）　　　　　　　　　　　　　（微分・積分）

　「微分」は「微（かす）かなもの（細かいもの）に分ける」という意味でした（P52）が、「積分」は「分けたものを積み上げる」という意味だと思ってください。

　「積分」は英語では "integration" と言います。"integrate" が「統合する」とか「まとめる」などの意味を持つことからも分かるように、積分の本質は、細かく分けたものをまとめて積み上げる（足しあわせる）ことにあります。

➤ 微分が先？　積分が先？

そもそも積分の歴史はいつから始まったかをご存じですか？　微分と積分をまとめて言うときにはふつう「微分積分」や「微積」と言います。「積分微分」とか「積微」とは言いません。それに高校の教科書でも「微分→積分」の順に習いますから、漠然と微分が先に発明されて、その後に積分が考え出されたと思っている人が多いのではないでしょうか？

しかし実際は**積分のほうがはるかに長い歴史を持っています。**

微分がその産声をあげたのは12世紀です。当時を代表する数学者であったインドの**バースカラ2世**（1114－1185）は、その著作のなかで微分係数（P56）や導関数（P81）につながる概念を発表しています。

一方、積分は、なんと**紀元前1800年頃**にその端緒を見ることができます。積分がなぜこんなにも早く生まれたかといいますと、それはずばり**面積を求めるため**でした。

例えば今、下図のような土地があるとしましょう。

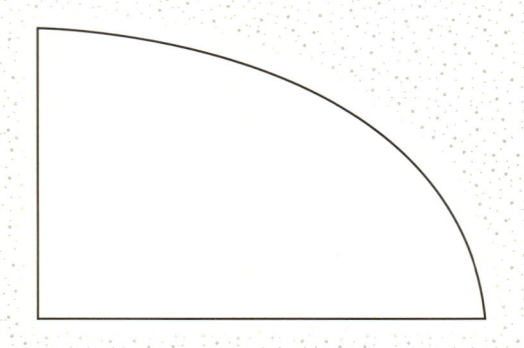

すでに見たように、微分係数は曲線の接線の傾きを与えてくれます。これに対して（後で詳しく見るように）**積分はこの曲線で囲まれた図形の面積を小さな長方形の和として計算する技法**です。

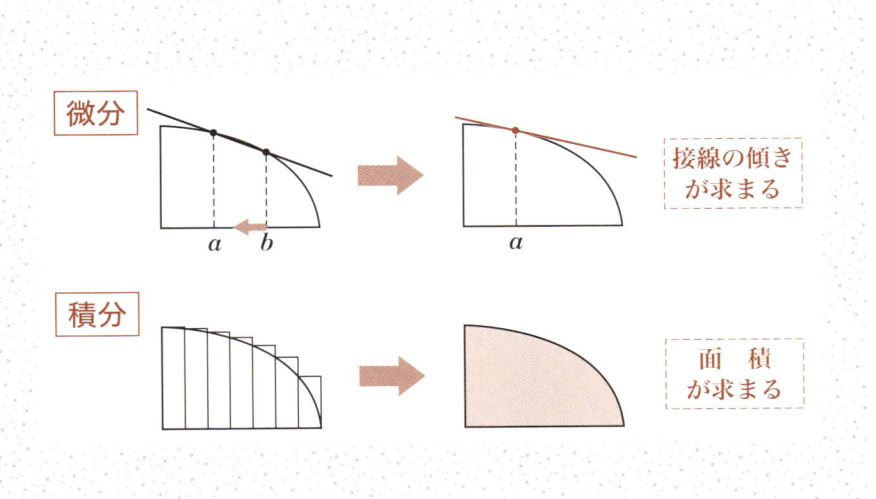

微分　→　接線の傾き
　　　　　が求まる

積分　→　面積
　　　　　が求まる

　生活に直接関係するのはどちらでしょうか？　上の、曲線の接線をないがしろにする気は毛頭ありませんが、やはり面積を求めることのほうが多くの人にとってより切実な問題だったろうと思います。

　例えば遺産相続のとき、相続する土地の面積をできるだけ正確に測ることが必要になるのは想像に難くありません。そんなとき、四角形や三角形ではない土地の面積はどうしたら求められるかを考えることから、積分の基本的な考えは生まれました。

　ちなみに、最初に今日の積分につながる求積法（面積を求める方法）を考えたのは、かの**アルキメデス**（B.C.287－B.C.212？）です（P219）。

➤ なぜニュートンとライプニッツが「生みの親」なのか？

　このように積分は遅くとも紀元前3世紀までに、微分は12世紀に、お互いまったく影響しあうことなく別々に生まれた概念です。それにもかかわらず、微分・積分の創始者は**ニュートン**（1643－1727）と**ライプニッツ**（1646－1716）だということになっています。なぜでしょうか？

　実はこの2人の偉業は微分や積分を考え出したことではなく、**微分と積分をつなぎあわせた**ことにあります。これによって接線の傾きや面積を求めるための計算技法にすぎなかった微分と積分が、世界の真理を表現するための**人類の至宝**になりました。

　微分と積分は互いに関係しあうことで初めて**本当の命**を与えられると言っても過言ではありません。よって微分・積分の「生みの親」はやはりニュートンとライプニッツなのです。

　では、彼らが微分と積分に与えた「命」とは何だったのでしょうか？

　それこそが冒頭で紹介した「**微分と積分は互いに逆演算の関係にある**」という「微積分の基本定理」です。

　べつに焦らすわけではありませんが、「微積分の基本定理」を詳しく説明する前に、この定理以前の「積分」がどんなものであったかを見ておきましょう。

➤「微積分の基本定理」以前の積分

　微積分の基本定理によって微分と積分が結びつく前は、「積分」とはすなわち面積を求めるための技法（求積法）のことでした。その本質は細かく分けた面積の足し算を全体の面積だと考えることにあります。

　ここでは2つほど例を挙げたいと思います。

(1) アルキメデスの求積法

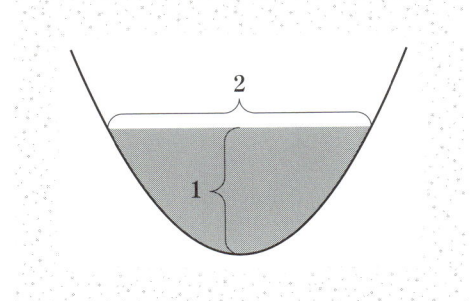

初めて今日の積分につながる考え方を使って、曲線で囲まれた図形の面積を求めようとしたのは、前述のとおりアルキメデスです。彼は左図のような放物線と直線で囲まれた図形の面積を求めるために、放物線の内部をどんどん三角形で埋め尽くすことを考えました（このような考え方を「**取り尽くし法**」と言います）。

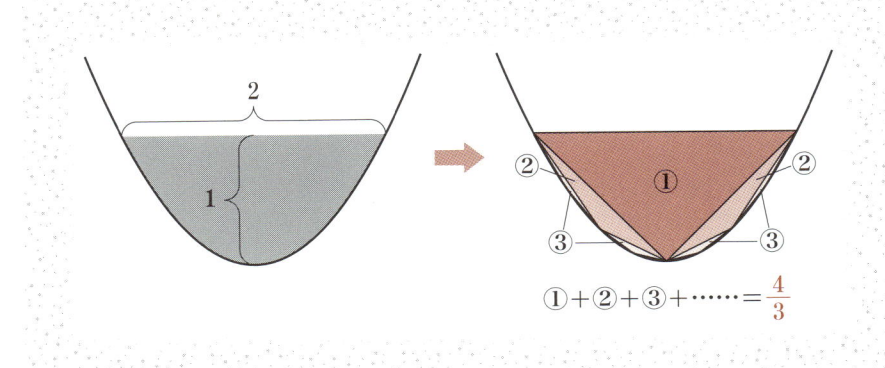

$$①+②+③+\cdots\cdots=\frac{4}{3}$$

　詳しい計算の方法は、少々道草が長くなりすぎるので割愛させていただきますが、アルキメデスは①、②、③……と放物線の内部を三角形で埋め尽くしていくと、三角形の面積が公比「$\frac{1}{4}$」の等比数列になることをつきとめ、**等比数列の和**（P33）の極限を考えることでこの面積は「$\frac{4}{3}$」だと結論づけました。アルキメデスのこの結果が正しいことは、次節以降に確かめたいと思います！

《アルキメデスの結論を自分で確かめたい人へ》

[読み飛ばしたい人は 2 ページ後の「(2) 円の面積」にどうぞ]

下のように座標軸とグラフを設定します。すなわち、放物線のグラフの式を「$y = x^2$」とすると、各点の座標は以下のようになります。

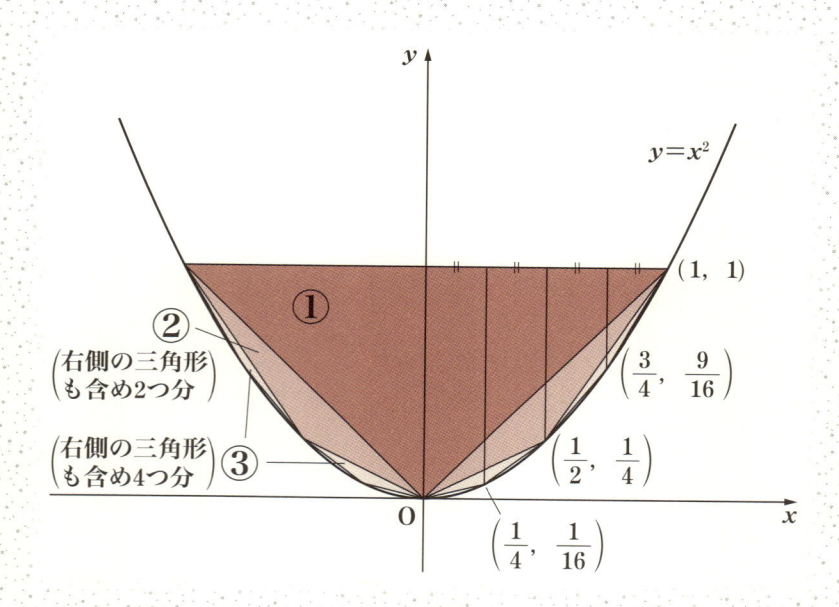

これらの座標をもとに三角形の面積を計算すると、

<u>①の三角形</u> $= 1 \times 2 \times \dfrac{1}{2} = 1$

<u>②の三角形</u>（2つ分）$= \left(\dfrac{1}{4} \times 1 \times \dfrac{1}{2}\right) \times 2 = \dfrac{1}{8} \times 2 = \dfrac{1}{4}$

<u>③の三角形</u>（4つ分）$= \left(\dfrac{1}{16} \times \dfrac{1}{2} \times \dfrac{1}{2}\right) \times 4 = \dfrac{1}{64} \times 4 = \dfrac{1}{16} = \left(\dfrac{1}{4}\right)^2$

になります。

今、

$$S_n = 1 + \frac{1}{4} + \left(\frac{1}{4}\right)^2 + \cdots + \left(\frac{1}{4}\right)^{n-1}$$

> a_1（初項）1，r（公比）$\frac{1}{4}$，項数 n の等比数列

とすると等比数列の和の公式（P33）より、

$$S_n = \frac{1 \times \left\{1 - \left(\frac{1}{4}\right)^n\right\}}{1 - \frac{1}{4}}$$

> $S_n = \dfrac{a_1(1-r^n)}{1-r}$

です。ここで、

$$\lim_{n \to \infty}\left(\frac{1}{4}\right)^n = 0$$

は明らかなので、

$$\lim_{n \to \infty} S_n = \frac{1 \times (1 - 0)}{1 - \frac{1}{4}}$$

$$= \frac{1}{\frac{3}{4}}$$

$$= 1 \div \frac{3}{4}$$

$$= \frac{4}{3}$$

となります。

ただし、アルキメデスがこれを計算した当時は、「極限」という概念が生まれる、ずーっと前です。それなのに彼が「$\frac{4}{3}$」という「**遙か彼方に確かに存在するゴール**」にたどりつくことができたというのは、まったく驚きです。人類の誇る大天才は、やはり偉大ですね。

(2) 円の面積

　求積法のもう1つの例は円の面積です。下図のように円を細かい扇形に分け、2つずつ向きあわせて横に並べていくと長方形に近い形になります。ここで扇形を細くすればするほど長方形との誤差は小さくなるのは明らかですね。つまり**扇形を限りなく細くすると、右の図形は長方形に限りなく近づきます。**

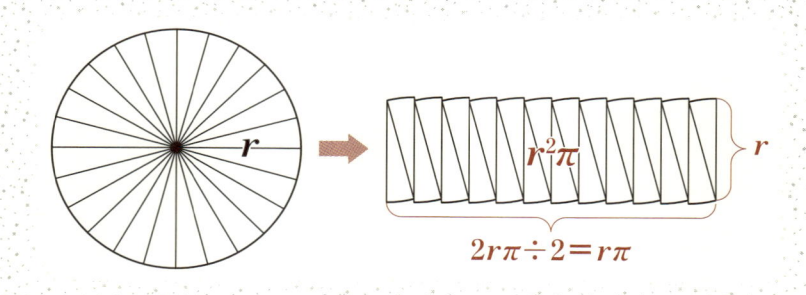

　右の図形が限りなく近づく長方形の横の長さは、円周（直径×円周率 $=2r\pi$）の半分 $r\pi$ に、高さは半径 r に等しくなるはずなので、長方形の面積は、

$$r\pi \times r = r^2\pi$$

です。**この長方形の面積は（円を細かく分けた）細い扇型を足しあわせた面積と等しくなる**はずですから、この円の面積も「$r^2\pi$」になることが分かります。

　以上の説明は、小学生や中学生のときに

$$円の面積 = 半径 \times 半径 \times 円周率$$

の理由として聞いたことがある人も多いと思いますが、「細かく分けたものを足しあわせて面積を求める」という点で立派な積分です。

➤ 逆演算とは

「演算」を辞書で引くと「ある集合の要素間に一定の法則を適用して、他の要素をつくり出す操作」（大辞泉）とあります。ここでは広い意味での**計算**だと思ってください。そして逆演算の関係というのは「足し算と引き算」（あるいは「掛け算と割り算」）のような関係のことです。

「a」に「b」を足した結果が「c」ならば、「c」から「b」を引くと、もとの「a」に戻ります（当たり前です）。

$$a + b = c \quad \Leftrightarrow \quad a = c - b$$

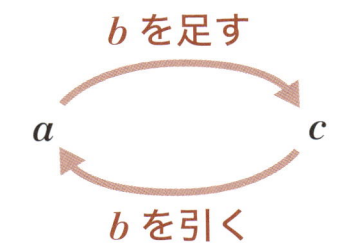

b を足す
a   c
b を引く

「逆演算」とは、このように、ある演算（計算）によって得られた結果をもとに戻す演算のことです。

ある関数 $f(x)$ に微分という演算を行うと、導関数 $f'(x)$ が得られます。微積分の基本定理がいうところの「**微分と積分は互いに逆演算の関係にある**」とは、$f'(x)$ **を積分すると** $f(x)$ **に戻る**という意味です。

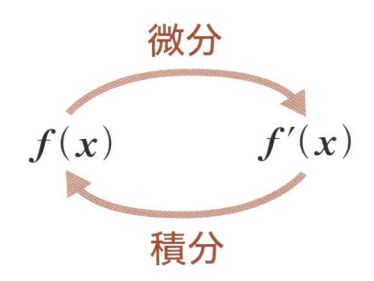

微分
$f(x)$ $f'(x)$
積分

では、いよいよ問題の解答に入っていきたいと思います。

解 答

問題は 214 ページ

$$F'(x) = f(x) \quad \cdots ①$$

のとき、

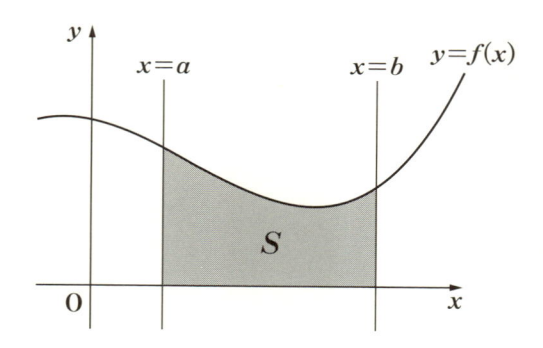

の面積 S が

$$S = F(b) - F(a)$$

になることを示しなさいという問題です。

「$F'(x) = f(x)$」とありますので、$F'(x)$ を定義にしたがって書き下します。

$$F'(x) = \lim_{h \to 0} \frac{F(x+h) - F(x)}{h}$$

ですね。① より、

$$\lim_{h \to 0} \frac{F(x+h) - F(x)}{h} = f(x)$$

です。この式の左辺は h を限りなく 0 に近づけたときの極限ですが、h を 0 に十分近い数だとすれば、

$$\frac{F(x+h)-F(x)}{h} \fallingdotseq f(x)$$
$$\Leftrightarrow \quad F(x+h)-F(x) \fallingdotseq f(x)h \quad \cdots ②$$

と変形できます。

ここで②式の x に

$$a, \ a+h, \ a+2h \cdots$$

と順々に代入し、**書き並べて足しあわせた結果は鮮烈です！**

$$F(x+h)-F(x) \fallingdotseq f(x)h \text{ より}$$

$x=a$	のとき	$F(a+h)$	$-F(a)$	$\fallingdotseq f(a)h$
$x=a+h$	のとき	$F(a+2h)$	$-F(a+h)$	$\fallingdotseq f(a+h)h$
$x=a+2h$	のとき	$F(a+3h)$	$-F(a+2h)$	$\fallingdotseq f(a+2h)h$
$\vdots$			$\vdots$	
$x=a+(n-1)h$	のとき	$F(a+nh)$	$-F\{a+(n-1)h\}$	$\fallingdotseq f\{a+(n-1)h\}h$

$+\ )$

$$F(a+nh)-F(a) \fallingdotseq f(a)h+f(a+h)h+f(a+2h)h+$$
$$\cdots f\{a+(n-1)h\}h \quad \cdots ③$$

↑最後の項　↑最初の項

左辺は「『隣りあうものの差』の和」になっているので、上から下までを足すと**最初と最後の項だけが残る**ことになります。

「『隣りあうものの差』の和」は最初と最後が残る！

$$\begin{array}{r} 1 - 0 = 1 \\ 2 - 1 = 1 \\ 3 - 2 = 1 \\ \vdots \quad \vdots \quad \vdots \\ +\ )\ n-(n-1) = 1 \\ \hline n-0 = 1+1+1\cdots+1 \end{array}$$

↑最後の項　↑最初の項

③式こそ、この問題の「肝」です！

次に、問題で与えられた面積 S を、下図のように、いくつかの長方形に分けることを考えます。

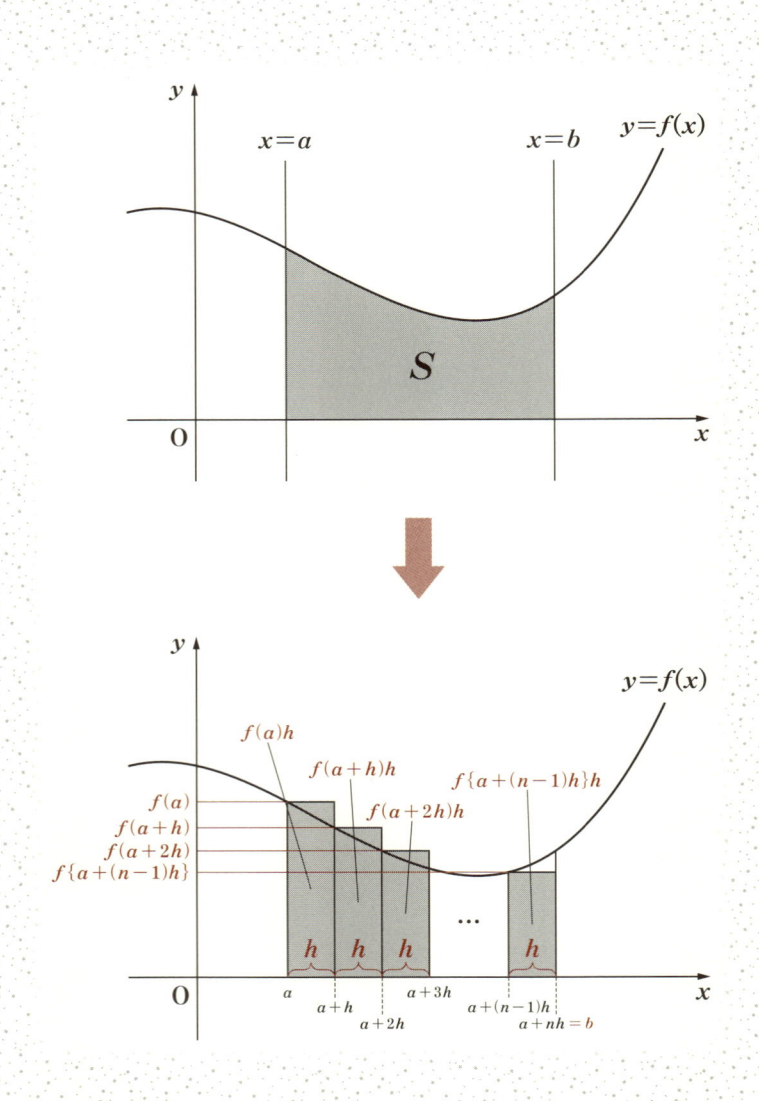

こうすると、それぞれの長方形の面積は、

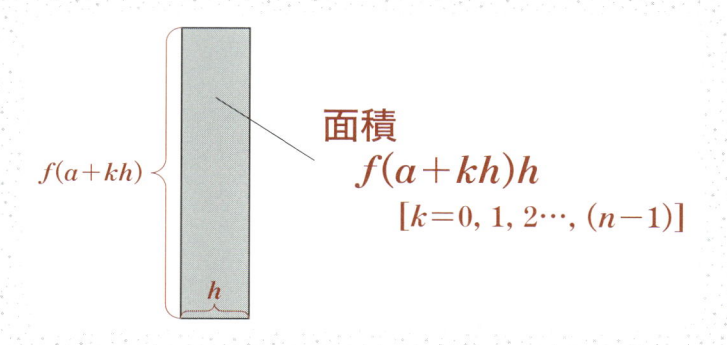

面積
$f(a+kh)h$
$[k=0, 1, 2\cdots, (n-1)]$

$f(a+kh)$

h

上図より、

$$f(a+kh)h \quad [k=0, 1, 2, \cdots, (n-1)]$$

であることが分かりますね。

　ここで「あっ！」と声をあげたあなたは鋭い人です。
そうです！　左ページの**長方形の面積の和は③式の右辺**、すなわち

$$f(a)h+f(a+h)h+f(a+2h)h+\cdots f\{a+(n-1)h\}h$$

に等しくなっています！

　長方形の面積の和は問題で与えられた面積 S とほぼ等しいので、

$$S \fallingdotseq f(a)h+f(a+h)h+f(a+2h)h+\cdots f\{a+(n-1)h\}h \quad \cdots ④$$

③、④より、

$$F(a+nh)-F(a) \fallingdotseq S \quad \cdots ⑤$$

いよいよ仕上げです。

⑤式で

$$a+nh=b \quad \cdots ⑥$$

とおくと、⑤式は

$$F(b)-F(a) \fallingdotseq S \quad \cdots ⑦$$

になります。

注)「えっ！そんなことに勝手にしていいの？」
と思う人もいるでしょう。いいんです！
⑥式は変形すると、

$$h=\frac{b-a}{n}$$

ですね。
つまり h は「$x=a$」から「$x=b$」までの長さを n 等分した長さだと考えればよいのです。そしてこの式は n を大きくすればするほど h が 0 に近づくことを示しています。

$$n \to \infty \quad \Leftrightarrow \quad h \to 0$$

⑦式の「≒」は②式と④式に由来するものですが、どちらも h を限りなく 0 に近づけたり、n を限りなく大きくしたりする極限を考えることで「＝」になります。

つまり $h \to 0$（すなわち $n \to \infty$）のとき、

$$S = F(b) - F(a)$$

です！

お疲れ様でした。かなり歯応えがあったことと思います。しかし、実は積分はここさえ理解してしまえば、あとはいろいろな計算技法を会得していくだけです。概念として理解すべきことにこれ以上難しいことはありません！

➤ 2000年の時を超えて

ところで、なぜこの問題が「**微分と積分は互いに逆演算の関係にある**」という**微積分の基本定理**を説明したことになっているかについて少し説明を加えておきます。

問題文では「$F(x)$ の導関数が $f(x)$ のとき」と断ってあるので、

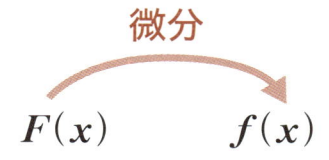

微分
$$F(x) \longrightarrow f(x)$$

ですね。ここで、$f(x)$ を $F(x)$ に戻す演算を「**逆微分**」とでも名づけておきます。

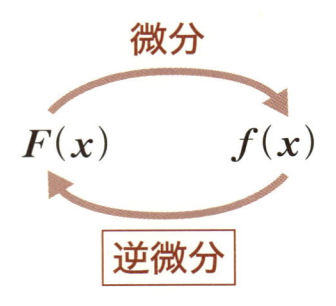

$$\overset{微分}{F(x) \rightleftarrows f(x)}\underset{逆微分}{}$$

一方、214ページの問題では、関数 $F(x)$ において

$$F(b) - F(a)$$

をつくると、これが曲線「$y=f(x)$」で囲まれた図形を**限りなく細い長方形に分けて足しあわせたもの**に等しくなることが分かりました。これはアルキメデス以降、人類が研究してきた**求積法（＝積分）**に他なりません。

逆微分によって得られる関数を使えば面積が求まるということは、**逆微分こそが積分**だということです。すなわち、

$$逆微分 = 積分$$

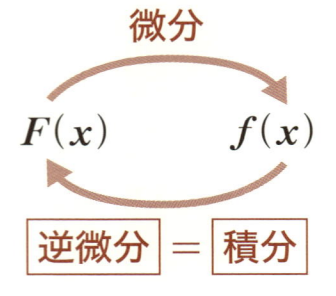

$$\overset{微分}{F(x) \rightleftarrows f(x)}\underset{逆微分 = 積分}{}$$

です！

17世紀にニュートンとライプニッツによって「微積分の基本定理」が示されたとき、紀元前3世紀以降「求積法」と同義であった積分に、およそ2000年の時を経て「**微分の逆演算**」という新しい意味が加わりました。

　それがどれだけ画期的なことであったかは、次節以降で解説していきたいと思います。

> **まとめ　積分の2つの意味**
> （ⅰ）求積法
> （ⅱ）微分の逆演算

「微積分の基本定理」は**知識としてではなく、概念として理解できて**初めて微積分を修めたということができるんだ。

21 不定積分と定積分の公式を導く

前節では「微積分の基本定理」として、積分は微分の逆演算であることを学びました。この節ではこの定理を使って積分の具体的な計算方法を見ていきます。

問題

次の式が成り立つことを示しなさい。

(1) $\int_a^b f(x)dx + \int_b^c f(x)dx = \int_a^c f(x)dx$

(2) $-\int_a^b f(x)dx = \int_b^a f(x)dx$

いかにも「微積！」という風格の漂う数式ですが、上の式はいずれも定積分の計算における基本となる公式です。これらは定積分の定義を知れば簡単に証明できます。

まずは積分の記号から説明します。

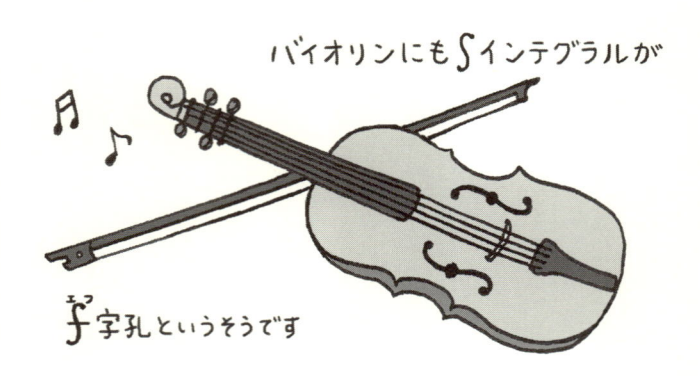

> **積分の記号**

　積分とはそもそも面積を求めるためのものであり、その本質は細かく分けたものを集めて足しあわせることだという話を前節でしました。

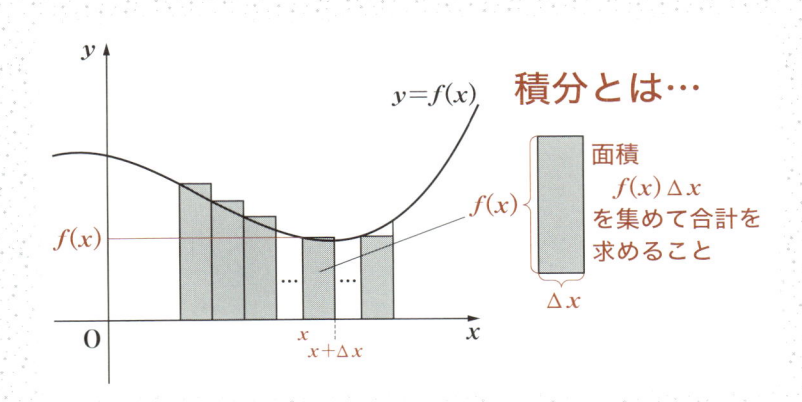

　　　　　　　　　　　　　　　　　　　　　　　　　積分とは…

　　　　　　　　　　　　　　　　　　　　　　　面積
　　　　　　　　　　　　　　　　　　　　　　　　$f(x)\Delta x$
　　　　　　　　　　　　　　　　　　　　　　を集めて合計を
　　　　　　　　　　　　　　　　　　　　　　求めること

注）「$\overset{デルタ}{\Delta}x$」は「xの増加分」を表す記号でしたね（P92）。

$f(x)$ の積分は「$f(x)\Delta x$」を集めて合計を求めるという意味で、

$$\int f(x)dx$$

と書きます。「$\int$」は「**インテグラル（integral）**」と読みますが、これは「合計」とか「和」を表す英語の "sum" の頭文字「s」を上下に引き伸ばしたものと思ってください。「**dx**」は前述（P93）のとおり「**限りなく小さい Δx**」です。

注）Δx を限りなく小さくするのは、正しい面積を求めるためです。

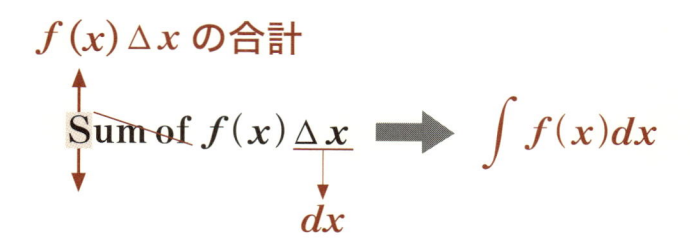

$$f(x)\triangle x \text{ の合計}$$

$$\text{Sum of } f(x)\underset{dx}{\triangle x} \implies \int f(x)dx$$

➤ 不定積分の計算方法

前節の「微積分の基本定理」によると、**積分とは微分の逆演算**です。

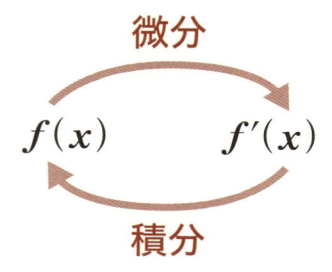

```
       微分 →
  f(x)        f'(x)
       ← 積分
```

例えば、

$$(x^2)' = 2x \quad \boxed{(x^n)' = nx^{n-1}}$$

なので「$2x$」を積分すれば、「x^2」に戻るはずです。

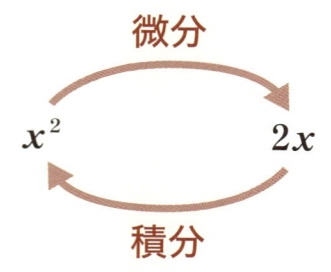

```
       微分 →
  x²          2x
       ← 積分
```

このことを先ほどの記号を使って書けば、

$$\int 2x dx = x^2$$

となります。

ただし、ここで 1 つ注意すべきことがあります。

定数を微分すると 0 になるので（P75）、微分して「$2x$」になるのは「x^2」だけではありません。実際、

$$(x^2+1)' = 2x+0 = 2x$$
$$(x^2+10)' = 2x+0 = 2x$$
$$\left(x^2+\frac{1}{2}\right)' = 2x+0 = 2x$$

> C が定数のとき
> $(C)' = 0$

です。

つまり、

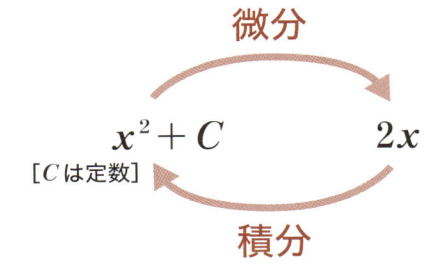

$$\underset{\text{積分}}{\overset{\text{微分}}{x^2+C \rightleftarrows 2x}}$$
[C は定数]

より

$$\int 2x\,dx = x^2+C \quad [C\text{ は定数}]$$

です！

一般に

$$(x^n+C)' = nx^{n-1}+0 = nx^{n-1}$$

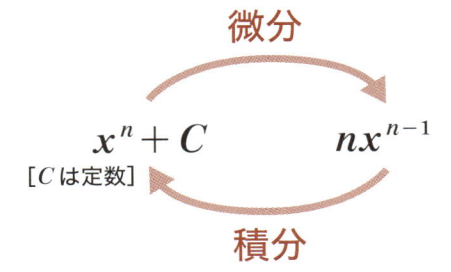

$$\underset{\text{積分}}{\overset{\text{微分}}{x^n+C \rightleftarrows nx^{n-1}}}$$
[C は定数]

なので、

$$\int nx^{n-1}dx = x^n + C \quad [C は定数]$$

となることが分かります！

　……でも上の式は、例えば「x^3」を積分しようとするときには、少々使いづらいです。なぜなら「x^3」は「nx^{n-1}」の形をしていないからです。

$$\int \bigcirc x^3 dx = ?$$

「n」がない！

そこで何を微分したら「x^3」になるかを改めて考えてみましょう。

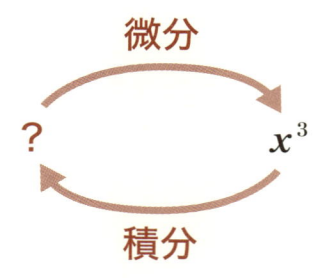

微分
? → x^3
積分

次のように考えます。

$(x^n)' \times k = (kx^n)' = knx^{n-1}$
　　[k は定数]

$\times \dfrac{1}{4}$
$(x^4)' = 4x^3$
$(x^4)' \times \dfrac{1}{4} = 4x^3 \times \dfrac{1}{4}$
$\times \dfrac{1}{4}$
$\left(\dfrac{1}{4}x^4\right)' = x^3$

定数 C の項を加えた式にすると、

$$\left(\dfrac{1}{4}x^4 + C\right)' = x^3 + 0 = x^3$$

$$\frac{1}{4}x^4 + C \quad \overset{微分}{\underset{積分}{\rightleftarrows}} \quad x^3$$

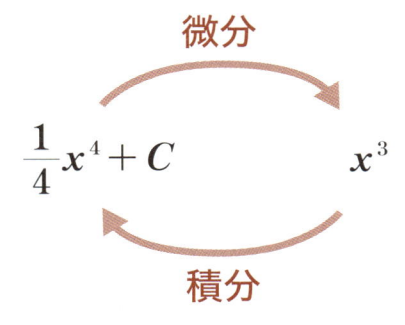

ですから、

$$\int x^3 dx = \frac{1}{4}x^4 + C \quad [Cは定数]$$

と分かります。

同様に、**何を微分したら「x^n」になるかを考えます。**

$$(x^{n+1})' = (n+1)x^{n+1-1}$$
$$(x^{n+1})' = (n+1)x^n$$
$$(x^{n+1})' \times \frac{1}{n+1} = (n+1)x^n \times \frac{1}{n+1}$$

$\times \dfrac{1}{n+1}$ $\qquad\qquad\qquad\qquad\qquad\qquad\qquad$ $\times \dfrac{1}{n+1}$

$$\left(\frac{1}{n+1}x^{n+1}\right)' = x^n$$

再び定数 C の項を加えた式にして、

$$\left(\frac{1}{n+1}x^{n+1} + C\right)' = x^n + 0 = x^n$$

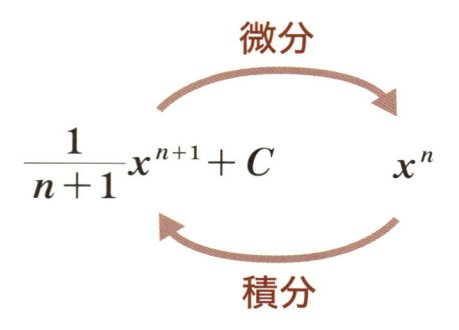

$$\frac{1}{n+1}x^{n+1}+C \underset{\text{積分}}{\overset{\text{微分}}{\rightleftarrows}} x^n$$

以上より、次の公式が導かれます。

$$\int x^n dx = \frac{1}{n+1}x^{n+1}+C \quad [C は定数]$$

「C」は積分にともなって出現する定数なので「積分定数」と言います。またこの C は 0 でも 1 でも、10 でも 0.1 でも、定数であれば何でもよいので右辺は 1 つに定めることができません。その意味でこの積分のことを「不定積分」と言います。

ちなみに値が 1 つに決まる「定積分」については、この後お話しします。

まとめ　不定積分の公式

$$\int x^n dx = \frac{1}{n+1}x^{n+1}+C \quad [C は積分定数]$$

注）この公式は $n=-1$ のときは使えません。なぜなら $n=-1$ のとき、

$$\int x^{-1}dx = \int \frac{1}{x}dx = \frac{1}{-1+1}x^{-1+1}+C = \frac{1}{0}x^0+C$$

となって、分母に「0」が出てきてしまうからです。では $n=-1$ のとき、すなわち「$\frac{1}{x}$」の積分はどうするのでしょうか？　これについては後で触れます。

➤ 原始関数は〝ご先祖様〟

これまでに分かったことをまとめると、こうなります！

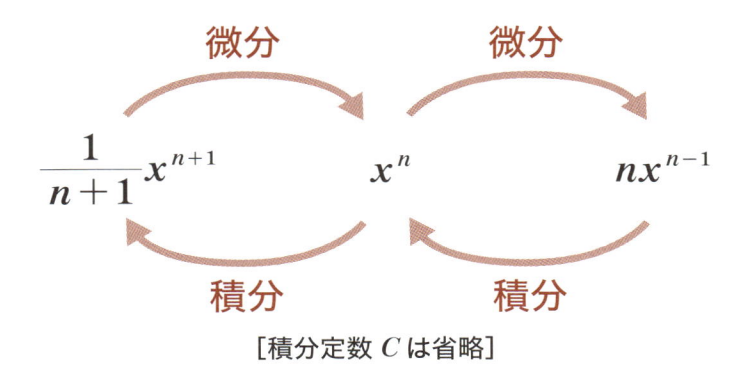

$$\frac{1}{n+1}x^{n+1} \xrightarrow{微分} x^n \xrightarrow{微分} nx^{n-1}$$

（積分は逆向き）

[積分定数 C は省略]

ところで「$f(x)$」を微分した結果得られる関数は「$f'(x)$」と表し「導関数」と言うのでしたね。それならば「$f(x)$」を積分した結果得られる関数にも記号と名前が欲しいところです。もちろん、ちゃんと用意されています！

「$f(x)$」を積分した結果得られる関数は「$F(x)$」と表し、「**原始関数**（primitive function）」と言います。私は、$f(x)$ の〝子孫〟が導関数 $f'(x)$ で、$f(x)$ の〝祖先〟が原始関数 $F(x)$ というイメージで捉えています。

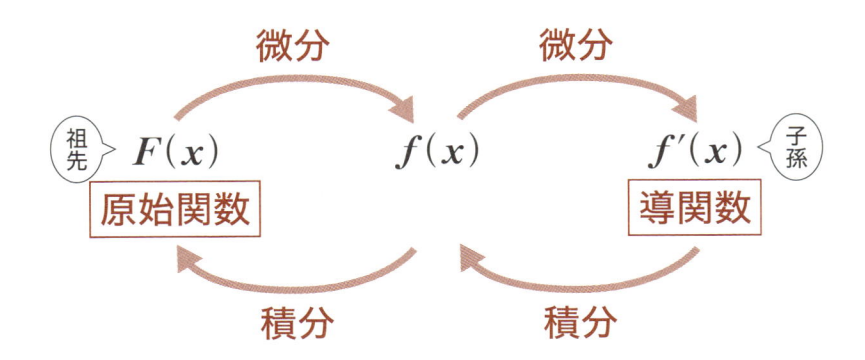

祖先 $F(x)$ 〔**原始関数**〕 →微分→ $f(x)$ →微分→ $f'(x)$ 〔**導関数**〕 子孫
（積分は逆向き）

つまり、

$$f(x) = x^n$$

のとき、

$$F(x) = \frac{1}{n+1} x^{n+1}$$

です。

まとめ　原始関数の定義

関数 $f(x)$ に対して

$$F'(x) = f(x)$$

を満たす関数を $f(x)$ の原始関数という。

注)「$f(x)$ の原始関数は $F(x)$ である」と「$F(x)$ を微分すると $f(x)$ が得られる」は同じ意味なので、$f(x)$ の原始関数として1つの $F(x)$ が見つかれば、これに定数 C を加えた「$F(x) + C$」も $f(x)$ の原始関数です。

例えば、

$$F(x) = x^2 \quad \Rightarrow \quad F'(x) = 2x$$

なので、「x^2」は「$2x$」の原始関数（の1つ）ですが、このとき「$x^2 + 1$」も「$x^2 + 10$」も「$x^2 + 100$」もすべて「$2x$」の原始関数です。つまり、**1つの関数に対してその原始関数は無数にあります。**

➤ 定積分とは

定積分とは、次のように定義される計算のことです。

> **まとめ 定積分の定義**
>
> $f(x)$ の原始関数 $F(x)$ に対して
>
> $$F(b) - F(a)$$
>
> を計算することを、「$f(x)$ を被積分関数とする $x=a$ から $x=b$ までの定積分」と呼び、
>
> $$\int_a^b f(x)dx = [F(x)]_a^b = F(b) - F(a)$$
>
> と表す。

注)「被積分関数」=「積分される関数（もとの関数）」です。

なんだかものものしい感じですが、具体的にやってみれば大したことはありません。要は、$f(x)$ の原始関数 $F(x)$ の x に b を代入したものから a を代入したものを引けばよいのです。

早速やってみましょう。

注) $f(x)$ を不定積分して原始関数 $F(x)$ を求めると積分定数 C が付きます。でも $F(b)-F(a)$ を計算すると下のように C は消えてしまうので、[ ] の中の $F(x)$ は最初から C を省いた形を書くのがふつうです。
例えば、$F(x) = x^2 + C$ とすると、

$$F(b) - F(a) = (b^2 + C) - (a^2 + C) = b^2 - a^2$$

例） x^2 を $x=1$ から $x=2$ まで定積分する。

$$\int_1^2 x^2 dx = \left[\frac{1}{3}x^3\right]_1^2$$

$\int_a^b f(x)dx = [F(x)]_a^b$
$= F(b) - F(a)$

$$= \frac{1}{3} \cdot 2^3 - \frac{1}{3} \cdot 1^3$$
$$= \frac{8}{3} - \frac{1}{3}$$
$$= \frac{7}{3}$$

$\int x^2 dx = \frac{1}{2+1}x^{2+1} + C = \frac{1}{3}x^3 + C$
ですが、[ ] の中には「C」を省いたものを書きます。

$F(x) = \frac{1}{3}x^3$
なので $F(2) - F(1)$

➤ $F(b) - F(a)$ の意味

$F(x)$ が $f(x)$ の原始関数であるとき、$F(b) - F(a)$ が下記の面積 S を表すことは、前節でも「微積分の基本定理」として触れたとおりですが、積分と面積については後で詳しくお話しします。

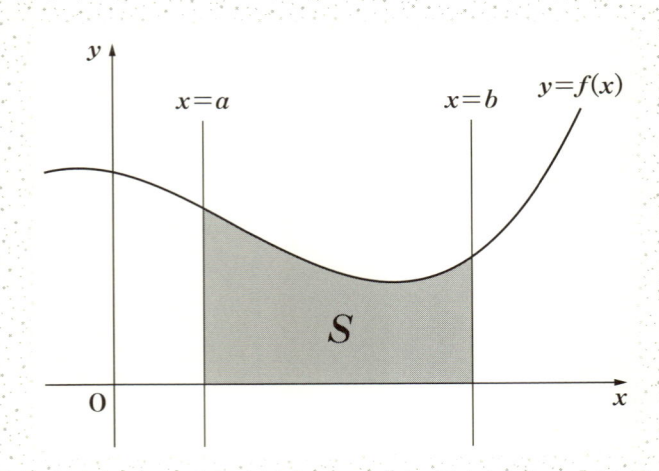

ここまでが理解できれば、冒頭の問題は簡単です♪

解答

問題は 232 ページ

(1) $$\boxed{\int_a^b f(x)dx + \int_b^c f(x)dx = \int_a^c f(x)dx}$$

を証明します。今、$f(x)$ の原始関数を $F(x)$ とすると、$f(x)$ の不定積分は、

$$\int f(x)dx = F(x) + C$$

です。これより、

$$(左辺) = \int_a^b f(x)dx + \int_b^c f(x)dx = [F(x)]_a^b + [F(x)]_b^c$$
$$= F(b) - F(a) + F(c) - F(b)$$
$$= F(c) - F(a) \quad \cdots ①$$

$$(右辺) = \int_a^c f(x)dx = [F(x)]_a^c = F(c) - F(a) \quad \cdots ②$$

①、②より「左辺 = 右辺」になりました。(証明終)

次は、

(2) $$\boxed{-\int_a^b f(x)dx = \int_b^a f(x)dx}$$

を証明します。(1)と同じく原始関数 $F(x)$ を使って、

$$(左辺) = -\int_a^b f(x)dx = -[F(x)]_a^b = -\{F(b) - F(a)\}$$
$$= F(a) - F(b) \quad \cdots ③$$

$$(右辺) = \int_b^a f(x)dx = [F(x)]_b^a = F(a) - F(b) \quad \cdots ④$$

③、④より「左辺 = 右辺」になりました。(証明終)

ここで証明した2つの式は定積分の計算を楽にしてくれる公式（テクニック）です。
　これらの公式は、下のように視覚的にも捉えておきましょう。

《定積分の計算公式》

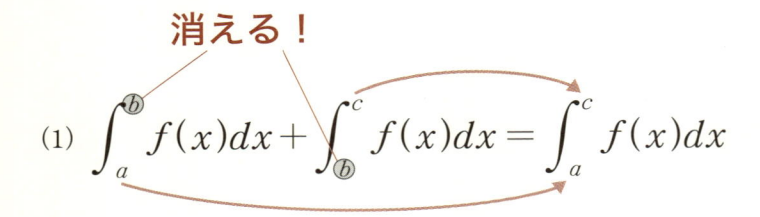

消える！

(1) $\displaystyle\int_a^b f(x)dx + \int_b^c f(x)dx = \int_a^c f(x)dx$

(2) $\displaystyle -\int_a^b f(x)dx = \int_b^a f(x)dx$

ひっくり返る！

では実際に使ってみましょう。

（使い方）

$$\int_0^5 x^4 dx - \int_1^5 x^4 dx = \int_0^5 x^4 dx + \int_5^1 x^4 dx$$

$$= \int_0^1 x^4 dx$$

$$= \left[\frac{1}{5}x^5\right]_0^1$$

$$= \frac{1}{5} \cdot 1^5 - \frac{1}{5} \cdot 0^5$$

$$= \frac{1}{5}$$

(2) の公式 → / (1) の公式

$F(x) = \dfrac{1}{5}x^5$ より $F(1) - F(0)$

（注）これを知らないと上の積分は

$$\int_0^5 x^4 dx - \int_1^5 x^4 dx = \left[\frac{1}{5}x^5\right]_0^5 - \left[\frac{1}{5}x^5\right]_1^5$$

$$= \frac{1}{5} \cdot 5^5 - \frac{1}{5} \cdot 0^5 - \left(\frac{1}{5} \cdot 5^5 - \frac{1}{5} \cdot 1^5\right)$$

という計算をするはめになって、やや面倒です。

> 微分に比べて積分のほうが計算は大変なことが多い。だから**様々なテクニックが必要**になる。次節もそんなテクニックの紹介だよ。

22 積分のテクニック──置換積分

ふつう、ある関数を微分することはそう難しくありません。定義にしたがって平均変化率の極限を求めればよいからです。

一方、ある関数を積分するのは簡単ではないことがほとんどです。それは出来上がったジグソーパズルをバラバラにするのは簡単でも、バラバラになったピースからジグソーパズルを完成させるのは難しいことに似ています（後述 P304）。

そこで積分には様々な計算のテクニックが用意されているのですが、この節ではそのなかから代表的なテクニックである「**置換積分**」をご紹介します。

問題

次の不定積分を求めなさい。

$$\int \frac{x}{\sqrt{1-x}} dx$$

置換積分の説明に入る前に、まずは何のテクニックを弄(ろう)さなくても**不定積分が求まる（原始関数が求まる）7種類の関数**をご紹介します。その後、「**不定積分の線形性**」という積分の計算の基本にかかわる話をしてから、置換積分の説明に入ります。

➤ 不定積分の公式のいろいろ

「微積分の基本定理」より、積分は微分の逆演算なので、微分の結果を逆にたどれば積分が求まります。

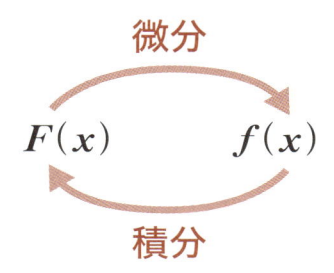

$$F(x) \xrightarrow{\text{微分}} f(x) \xrightarrow{\text{積分}} F(x)$$

以下はこれを使って求まる不定積分の公式一覧です（次ページに補足説明があります）。C はいずれも積分定数です。

(ⅰ) $\left(\dfrac{1}{n+1}x^{n+1}\right)' = x^n \quad \Rightarrow \quad \displaystyle\int x^n dx = \dfrac{1}{n+1}x^{n+1} + C \quad [n \neq -1]$

(ⅱ) $(\sin x)' = \cos x \quad \Rightarrow \quad \displaystyle\int \cos x\, dx = \sin x + C$

(ⅲ) $(\cos x)' = -\sin x \quad \Rightarrow \quad \displaystyle\int \sin x\, dx = -\cos x + C$

(ⅳ) $(\tan x)' = \dfrac{1}{\cos^2 x} \quad \Rightarrow \quad \displaystyle\int \dfrac{1}{\cos^2 x} dx = \tan x + C$

(ⅴ) $(e^x)' = e^x \quad \Rightarrow \quad \displaystyle\int e^x dx = e^x + C$

(ⅵ) $(a^x)' = a^x \cdot \log a \quad \Rightarrow \quad \displaystyle\int a^x dx = \dfrac{1}{\log a}a^x + C \quad [a > 0 \text{ かつ } a \neq 1]$

(ⅶ) $(\log x)' = \dfrac{1}{x} \quad \Rightarrow \quad \displaystyle\int \dfrac{1}{x} dx = \log|x| + C$

《前ページの積分公式の補足をします》

（ⅰ）$n = -1$ のとき、すなわち

$$\int x^{-1} dx = \int \frac{1}{x} dx$$

の積分は（ⅶ）のとおり（下記参照）。

（ⅲ）$(\cos x)' = -\sin x$ の両辺に「-1」を掛けて

$$(-\cos x)' = \sin x \quad \Rightarrow \quad \int \sin x \, dx = -\cos x + C$$

（ⅵ）$(a^x)' = a^x \cdot \log a$ の両辺を「$\log a$」で割って

$$\left(\frac{1}{\log a} a^x \right)' = a^x \quad \Rightarrow \quad \int a^x \, dx = \frac{1}{\log a} a^x + C$$

（ⅶ）「$\frac{1}{x}$」の積分が「$\log x$」ではなく「$\log |x|$」になる理由については少し詳しい説明をしておきます。対数関数のところで見たように、対数の真数（$\log x$ の x）は正でなくてはいけません。しかし、「$\frac{1}{x}$」の x は負である可能性もあります。そこで次のように考えます。

まず、$x < 0$ とします。このとき、

$$\{\log(-x)\}' = \frac{1}{-x} \cdot (-x)' = \frac{1}{-x} \cdot (-1) = \frac{1}{x}$$

> 合成関数の微分（P96）で「外の微分・中の微分」
> $y = \log(-x), \ u = -x$ とすれば
> $$y' = \frac{dy}{dx} = \frac{dy}{du} \cdot \frac{du}{dx} = \frac{d}{du} \log u \cdot \frac{d}{dx}(-x) = (\log u)' \cdot (-x)'$$

また $x > 0$ のときは（P185 で示したように）

$$(\log x)' = \frac{1}{x}$$

ですから、結局、

$$\int \frac{1}{x}dx = \begin{cases} \log x + C & [x > 0] \\ \log(-x) + C & [x < 0] \end{cases} \quad \cdots ①$$

です。
　ところで、**絶対値**というのは、

$$|3| = 3, \quad |-3| = 3$$

というもので**中身が正ならそのまま、負なら符号が変わる記号**でしたね。すなわち、

$$|x| = \begin{cases} x & [x > 0] \\ -x & [x < 0] \end{cases}$$

です。よって絶対値を使えば、①は

$$\int \frac{1}{x}dx = \log|x| + C$$

になります。

【さらに補足】"不定積分の線形性"のおかげ、という話

これまで特に断りもなく、

$$(2x^3+3x^2)' = 2\cdot 3x^2 + 3\cdot 2x = 6x^2+6x$$

のように計算してきましたが、実はこれは当たり前の性質ではありません。微分の計算をこのように行えるのは、いわゆる「**微分の線形性**」のおかげです。

まとめ　微分の線形性

$$\{kf(x)+lg(x)\}' = kf'(x)+lg'(x)$$

[k, l は定数]

注)「**微分の線形性**」は

$$\lim_{x\to a}\{kf(x)+lg(x)\} = k\lim_{x\to a}f(x)+l\lim_{x\to a}g(x)$$

という「**極限の線形性**」に由来する性質ですが、極限の線形性は大学レベルの数学で極限そのものを厳密に定義しないと証明することができません。ここでは「$f(x)$ や $g(x)$ をそれぞれ定数倍してから極限を求めても、$f(x)$ や $g(x)$ の極限を求めてからそれぞれを定数倍しても同じ」と大雑把に捉えておいてください。

今 $f(x)$、$g(x)$ の原始関数をそれぞれ $F(x)$、$G(x)$ とすると、

$$F'(x) = f(x)$$
$$G'(x) = g(x)$$

なので、微分の線形性より、

$$\{kF(x)+lG(x)\}' = kF'(x)+lG'(x) = kf(x)+lg(x)$$

微積分の基本定理より、この結果を逆にたどると、

$$kF(x)+lG(x) \underset{積分}{\overset{微分}{\rightleftarrows}} kf(x)+lg(x)$$

$$\int \{kf(x)+lg(x)\}dx$$
$$= kF(x)+lG(x)$$
$$= k\int f(x)dx + l\int g(x)dx$$

$F'(x)=f(x) \Leftrightarrow \int f(x)dx = F(x)$
$G'(x)=g(x) \Leftrightarrow \int g(x)dx = G(x)$

以上より、不定積分にも次の線形性が成り立つことが分かります。

まとめ **不定積分の線形性**

$$\int \{kf(x)+lg(x)\}dx = k\int f(x)dx + l\int g(x)dx$$

[k, l は定数]

不定積分の線形性のおかげで、次のように計算することが許されます。

$$\int (2x^3+3x^2)dx = 2\int x^3 dx + 3\int x^2 dx$$
$$= 2\cdot\frac{1}{3+1}x^{3+1} + 3\cdot\frac{1}{2+1}x^{2+1} + C$$
$$= \frac{2}{4}x^4 + \frac{3}{3}x^3 + C$$
$$= \frac{1}{2}x^4 + x^3 + C$$

C をお忘れなく！

【さらに補足の補足】そもそも「線形性」って何？

突然出てきた「**線形性（linearity）**」について、もう少し解説したいと思います。ただし、これは微分・積分とはあまり関係のない余談ですので、先を急ぎたい方は2ページ先まで読み飛ばしてもらっても大丈夫です。

「線形性」とは「グラフが線の形の関数の性質」のことだと思ってください。「グラフが線の形の関数」とは、すなわち「**1次関数**」です。

一般に1次関数は

$$f(x) = ax + b$$

の形をしていますが、微分や不定積分の「線形性」は特に

$$f(x) = ax$$

の場合に成り立つ次の性質のことを言います。

$f(x) = ax$ のとき、

(1) $\boldsymbol{f(p+q) = a(p+q) = ap + aq = f(p) + f(q)}$

(2) $\boldsymbol{f(kp) = a(kp) = kap = kf(p)}$

ですね。この (1) と (2) を同時に満たす性質を「線形性」といいます。

この2つの性質を使うと「$f(kx+ly)$」は次のようになります。

$$f(kx+ly) = f(kx) + f(ly) = kf(x) + lf(y)$$

微分や不定積分の線形性で見た式に似ていますね！

まとめ　線形性とは

次の (1) と (2) が成り立つこと

(1) $\boldsymbol{f(p+q) = f(p) + f(q)}$

(2) $\boldsymbol{f(kp) = kf(p)}$

まとめると ⇒ $f(kp+lq) = kf(p) + lf(q)$

ちなみに $f(x)=x^2$（2次関数）のときは、前ページの（1）と（2）は両方とも成り立ちません。

$$\left.\begin{array}{l}f(1+2)=(1+2)^2=3^2=9 \\ f(1)+f(2)=1^2+2^2=1+4=5\end{array}\right\} \quad f(1+2) \neq f(1)+f(2) \quad \boxed{\text{(1) 不成立}}$$

$$\left.\begin{array}{l}f(2 \times 3)=(2 \times 3)^2=6^2=36 \\ 2 \times f(3)=2 \times 3^2=2 \times 9=18\end{array}\right\} \quad f(2 \times 3) \neq 2 \times f(3) \quad \boxed{\text{(2) 不成立}}$$

《グラフで確かめる線形性》

$f(x)=ax$ のグラフでも線形性の2つの性質を確認しておきます。

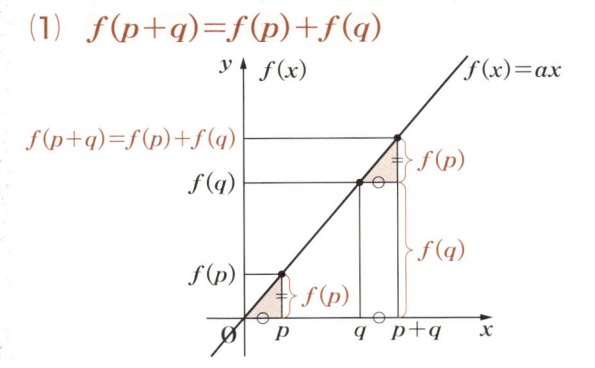

(1) $f(p+q)=f(p)+f(q)$

2辺とその間の角が等しいので（2辺挟角相等）、色つきの2つの三角形は合同

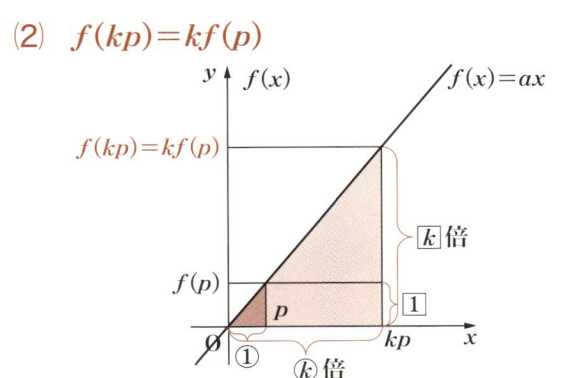

(2) $f(kp)=kf(p)$

小さい三角形と大きい三角形は相似

➤ **置換積分という強力な武器**

前置きが長くなりましたが、いよいよ置換積分です。置換は「置き換える」という言葉どおりの意味で、数式の一部を別の文字で置き換えて解くテクニックです。

この節の最初に示した 7 つの関数の不定積分と不定積分の線形性だけでは、例えば

$$\int \sin(2x+1)dx$$

のような積分は計算できそうもありません。そこで積分計算の強力な武器である置換積分というテクニックを習得しましょう。

先に公式を示します。

まとめ　置換積分法の公式

$x = g(t)$ として

$$\int f(x)dx = \int f\{g(t)\}g'(t)dt$$

この公式は合成関数の微分を逆にたどることで示せます。

今、$f(x)$ の原始関数を $F(x)$ として次のような合成関数 $I(t)$ があるとしましょう。

$$I(t) = F(g(t))$$

$I(t)=F(g(t))$ は t の関数（t によって値の決まる数）なので、両辺を t で微分します。

> 注）「t で微分する」というのは「（入力値である）t の変化分を限りなく小さくしたときの平均変化率の極限を考える」という意味です。すなわち今の場合は
> $$\lim_{\Delta t \to 0}\frac{\Delta I}{\Delta t}=\frac{dI}{dt}=\lim_{h \to 0}\frac{I(t+h)-I(t)}{h}$$
> を考えることを意味します。

合成関数の微分（P97）より

$$I'(t)=\{F(g(t))\}'=F'(g(t))\cdot g'(t) \quad \cdots ②$$

ここで $F(x)$ は $f(x)$ の原始関数なので、

$$F'(x)=f(x)$$

$x=g(t)$ とすると、

$$F'(g(t))=f(g(t))$$

よって②式は

$$\{F(g(t))\}'=F'(g(t))\cdot g'(t)$$
$$=f(g(t))\cdot g'(t)$$

「$I'(t)$」はこの後出てこないので省略しました。

以上より、

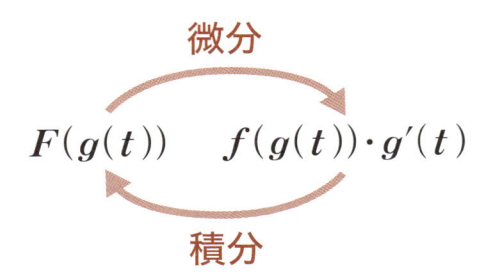

$$F(g(t)) \quad \xrightarrow{微分} \quad f(g(t))\cdot g'(t)$$
（積分は逆向き）

であることが分かるので、C を積分定数として

$$\int f(g(t)) \cdot g'(t)dt = F(g(t)) + C \quad \cdots ③$$

が導けます。ここで $g(t) = x$ から、

$$F(g(t)) = F(x)$$

であることと、

$$\int f(x)dx = F(x) + C \quad \boxed{F(x) \text{ は } f(x) \text{ の原始関数！}}$$

を使うと、③式は下のように変形できます。

$$\begin{aligned}\int f(g(t)) \cdot g'(t)dt &= F(g(t)) + C \\ &= F(x) + C \\ &= \int f(x)dx\end{aligned}$$

以上より、

$$\int f(x)dx = \int f\{g(t)\}g'(t)dt \quad \cdots ④$$

です！

　④式はやや複雑に見えるかもしれませんが、次のように考えれば、覚える必要もなく、すぐに導けます。

$x = g(t)$ より

$$\frac{dx}{dt} = g'(t)$$

ここで「$\frac{dx}{dt}$」を分数のように扱って

$$dx = g'(t)dt$$

$\dfrac{y}{x} = k$
$\Rightarrow\ \ y = kx$

を④式の左辺に代入すると……

$$\int f(x)dx = \int f(g(t))g'(t)dt$$

$x = g(t)$
$dx = g'(t)dt$

先ほどの2ページにわたる「証明」の結果は、暗記をしなくてもこのように立ちどころに導けてしまいます！ これは**なかなか鮮烈**ですよね！

それでは実際に使ってみます。

$$\int \sin(2x+1)dx \quad \cdots ⑤$$

において

$$t = 2x+1$$

とすると、

$$x = \frac{1}{2}t - \frac{1}{2}$$

$2x = t-1$
$\Rightarrow\ \ x = \dfrac{t-1}{2}$

両辺を t で微分して

$$\frac{dx}{dt} = \frac{1}{2} \cdot 1 - 0 = \frac{1}{2}$$

$$\Rightarrow \quad dx = \frac{1}{2}dt$$

⑤式に代入すると、

$$\int \sin(2x+1)dx = \int \sin t \cdot \frac{1}{2}dt$$

$$= \int \frac{1}{2}\sin t dt$$

$$= \frac{1}{2}\int \sin t dt$$

$$= \frac{1}{2}\{(-\cos t) + C\}$$

$$= -\frac{1}{2}\cos t + C$$

$$= -\frac{1}{2}\cos(2x+1) + C$$

> $2x+1 = t$
> $dx = \frac{1}{2}dt$

> 不定積分の線形性
> $$\int kf(x)dx = k\int f(x)dx$$
> の利用

> (iii)
> $\int \sin x dx = -\cos x + C$

> ここは C でなく、$\frac{C}{2}$ になるんじゃないか？ と思う人がいるかもしれませんが、積分定数の C は「値の分からない定数」という意味しか持たないので、わざわざ「$\frac{C}{2}$」と書くことは一般的にしないのです。「C」は「ここに定数が付きますよ」ということを示す記号だと思ってください。

では、冒頭の問題をやってみましょう。

解答

問題は 246 ページ

$$\int \frac{x}{\sqrt{1-x}}dx \quad \cdots ⑥$$

において、

$$t = \sqrt{1-x}$$

とおきます。

> $t^2 = 1-x$

$$x = 1 - t^2$$

> 定数の微分は 0
> $(1)' = 0$

両辺を t で微分すると、

$$\frac{dx}{dt} = 0 - 2t$$

$$= -2t$$

$$\Rightarrow \quad dx = -2tdt$$

これを上の⑥式に代入します。

$$\int \frac{x}{\sqrt{1-x}}dx = \int \frac{1-t^2}{t}(-2tdt)$$

> $\sqrt{1-x} = t$
> $dx = -2dt$

$$= \int (1-t^2)(-2)dt$$

$$= \int 2(t^2-1)dt$$

$$= 2\int (t^2-1)dt$$

$$= 2\left(\frac{1}{3}t^3 - t + C\right)$$

→次ページにつづく

$$= \frac{2}{3}t^3 - 2t + C$$

$t = \sqrt{1-x}$

ここも「2C」にする必要はありません。

$$= \frac{2}{3}(\sqrt{1-x})^3 - 2\sqrt{1-x} + C$$

$\sqrt{a^3} = \sqrt{a^2} \cdot \sqrt{a} = a\sqrt{a}$

$$= \frac{2}{3}(1-x)\sqrt{1-x} - 2\sqrt{1-x} + C$$

途中、不定積分の線形性を適宜使っています。

この問題は「$1-x$」を t とおいても計算できます。

《別解》

$$\int \frac{x}{\sqrt{1-x}} dx \quad \cdots ⑥$$

において、

$$t = 1 - x$$

とおきます。

$$x = 1 - t$$

両辺を t で微分すると、

$$\frac{dx}{dt} = 0 - 1 = -1$$

$$\Rightarrow \quad dx = -dt$$

これを⑥式に代入します。

$$\int \frac{x}{\sqrt{1-x}} dx = \int \frac{1-t}{\sqrt{t}}(-dt)$$

$1-x = t$
$dx = -dt$

$$= \int \frac{t-1}{\sqrt{t}} dt$$

$$= \int \left(\frac{t}{\sqrt{t}} - \frac{1}{\sqrt{t}} \right) dt$$

$$= \int \left(\sqrt{t} - \frac{1}{\sqrt{t}} \right) dt$$

$$= \int \left(t^{\frac{1}{2}} - \frac{1}{t^{\frac{1}{2}}} \right) dt \quad \boxed{\sqrt{a} = a^{\frac{1}{2}}}$$

$$= \int (t^{\frac{1}{2}} - t^{-\frac{1}{2}}) dt \quad \boxed{\frac{1}{a^n} = a^{-n}}$$

$$= \frac{1}{\frac{1}{2}+1} t^{\frac{1}{2}+1} - \frac{1}{-\frac{1}{2}+1} t^{-\frac{1}{2}+1} + C \quad \boxed{\int x^n dx = \frac{1}{n+1} x^{n+1} + C}$$

$$= \frac{1}{\frac{3}{2}} t^{\frac{3}{2}} - \frac{1}{\frac{1}{2}} t^{\frac{1}{2}} + C \quad \boxed{\dfrac{\frac{1}{b}}{a} = 1 \div \frac{b}{a} = \frac{a}{b}}$$

$$= \frac{2}{3} t^{\frac{3}{2}} - 2 t^{\frac{1}{2}} + C \quad \boxed{a^{\frac{3}{2}} = a^{1+\frac{1}{2}} = a \cdot a^{\frac{1}{2}} = a\sqrt{a}}$$

$$= \frac{2}{3} t\sqrt{t} - 2\sqrt{t} + C$$

$\boxed{t = 1-x}$

$$= \frac{2}{3} (1-x)\sqrt{1-x} - 2\sqrt{1-x} + C$$

第23節（§23）では積分の本領である面積を、**定積分に置換積分を使う**ことで求めていくよ。

ちょっとよこみち③ 記号の王様、ライプニッツ

➤「連続」と「離散」の両方を極めた稀有な人

　17～18世紀にドイツで活躍した**ゴットフリート・ヴィルヘルム・ライプニッツ**（1646－1716）は非常に多才な人でした。彼がその名声を後世に残すほどの業績をあげた分野は、数学以外にも法律学、歴史学、文学、論理学、哲学……と驚くほど多岐にわたっています。

　数学においてもライプニッツは、**微積分**と**組合せ理論**という対照的な2つの分野で目覚ましい成果をあげました。微積分が扱うのは基本的に**連続する数**（グラフが滑らかにつながる関数）であるのに対して、組合せ理論は「1, 2, 3…」と断続的に続く自然数を扱うことをその基礎にしています。自然数は数直線のなかで飛び飛びに存在する数ですから、**離散的（非連続）な数**です。

　古くから**連続的な数を扱う分野**と**離散的な数を扱う分野**は、数学界にそびえる双璧として並び立ってきました。

　数学者（を志す人）は、その志の初期に、どちらの分野を専門にするかを選ぶのがふつうです。それはプロの音楽家になろうとする者が最初に楽器を選ぶのと似ているかもしれません。

　プロの音楽家の場合、鍵盤楽器（ピアノなど）と弦楽器（ヴァイオリンなど）の両方で一流の演奏家になった例はほとんどありません。

　これと同じように、過去に連続と離散の両方の分野で永遠に語り継がれるべき偉大な成果をあげた数学者はほとんどいません。

連続 $y = f(x)$ 微積の対象

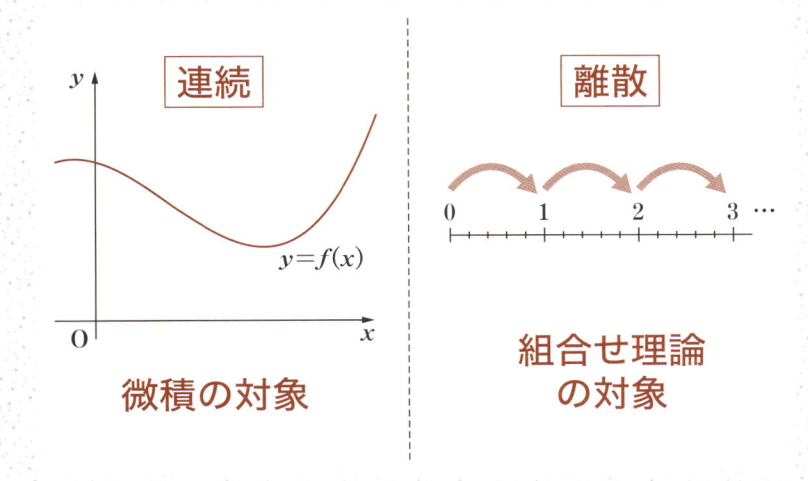

離散 0 1 2 3 ⋯ 組合せ理論の対象

その意味で、ライプニッツは唯一の例外と言ってもいいでしょう。

　注）今日の数学者の主要な仕事は、この両分野を統合して包括的な数学をつくることだとも言えます。

　そんなライプニッツを称える言葉は「知の巨人」、「万能の人」、「普遍的天才」など様々ありますが、私はあえて「**記号の王様**」と呼びたいと思います。

　「記号の王様？　もっといい名前で呼んであげたら？」
と言われてしまいそうですが、「たかが記号」と侮ることができないことは何よりライプニッツ自身が教えてくれます。

➤ なぜライプニッツは微積分の記号を生み出すことができたのか？

これまで本書で紹介してきた微積分の記号

$$\frac{dy}{dx} \qquad \int f(x)dx$$

はライプニッツが考え出したものです。

ライプニッツが、その後300年以上も使われ続けていて、おそらくこれからも使われ続けるであろう微積分の記号を、考え出すことができたのは偶然ではないと私は思います。彼にはもともと「記号」に対する並々ならぬ関心と期待があったのです。

ライプニッツが心血を注いだ「組合せ理論」は、今日の「**記号論理学（symbolic logic）**」の端緒となるものでした。彼は研究のなかで、記号によって推論を行う方法を模索しました。以下はライプニッツが弱冠20歳のときに書いた『**組合せ術**』（『結合法論』と邦題訳されることもある）の一節です。

「理性のすべての真理が一種の計算に還元されるような一般的方法、同時にこれは一種の普遍的言語または記号であるが、今までに案出されたすべての同種のものとはまったく異なる。なぜなら、その中の記号・言葉でさえもが、理性を誘導するからである。そして誤謬は、事実の誤謬を除いては、単に計算の間違いにすぎなくなる。この言語あるいは記号法を形造ったり発明したりするのは、非常に困難であるが、それを理解するのはきわめてやさしく、いかなる字引きをも要しない。」

上はE. T. ベル著（田中勇、銀林浩訳）『数学をつくった人々Ⅰ』（ハヤカワ文庫）の243ページからの引用です。

つまりライプニッツは、数式計算のように推論を行える記号を発明しようとしたのです。その記号を使えば**高度な考察を必要とする推論も単純作業になり、しかも誤った推論は原理的に起こりえないようにすることができる**はずでした。しかし残念ながら、志半ばでライプニッツは没してしまいます。彼の夢を引き継いだのは、事実上の記号論理学の始祖である、イギリスの**ジョージ・ブール**（1815－1864）でした。

この間なんと約200年。ライプニッツの夢がいかに大きく、また深淵であったかが分かります。

彼の発明した微積分の記号を使えば**合成関数の微分**（P94）や**置換積分**（P254）などを直感的に扱うことができるのはすでに見たとおりです。これらは彼の記号に寄せた夢を体現していると言えるでしょう。そして、実際の計算におけるその恩恵もまた計り知れません。

▶ 記号から「微積分の基本定理」を導いたライプニッツ

前述のとおり、ニュートンとライプニッツは、「**微積分の基本定理**」の発見によって「微積分の生みの親」と呼ばれるようになりました（P218）。しかし2人は、協力してこの定理に到達したわけではありません。ほぼ同時期に、まったく異なるアプローチでそれぞれ独自に導いています。

ニュートンが運動学的な考察（物理的な考察）を通じて「微積分の基本定理」に到達したのに対して、ライプニッツは前述の普遍的記号法を模索するなかでこの定理を発見しました。「記号」を考えることで新しい時代の扉を開ける真理に到達してしまう。この点で、やはりライプニッツは「記号の王様」です！

23 定積分の応用①：面積を求める

　この節ではいよいよ積分の本領を発揮してもらいましょう。積分の本領とは……そうです！　面積を求めることです！

問題

　$y = \dfrac{1}{1+x^2}$，$x = 1$，x 軸および y 軸で囲まれた下記の面積を求めなさい。

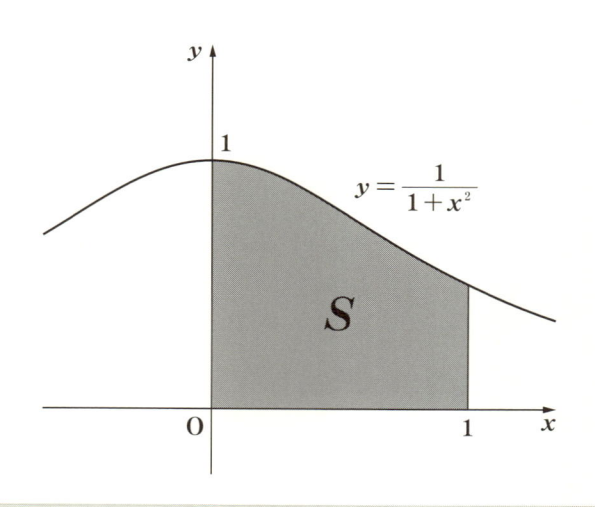

　積分を知らなければ諦めるしかないようなこんな図形の面積も、積分を使えばちゃんと求まります。ただし、**定積分の置換積分**が必要です。

　答えにたどりつくまでの計算量はやや多いものの、結果はとても意外な「真実」であることを教えてくれます。

➤ 定積分と面積

$F(x)$ が $f(x)$ の原始関数であるとき、$F(b)-F(a)$ は下記の面積を表すことを「**微積分の基本定理**」（P214）で学びました。

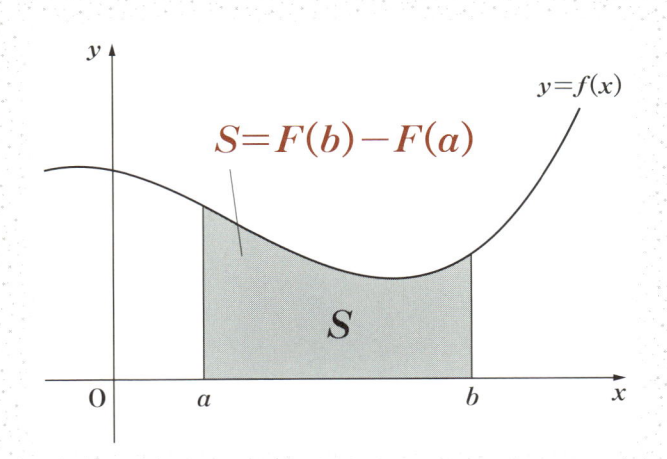

$$S = F(b) - F(a)$$

また、定積分の定義（P241）より、

$$\int_a^b f(x)dx = F(b) - F(a)$$

でした。以上より、次のようにまとめることができます。

まとめ　定積分による面積の求め方

$y = f(x)$ と $x = a$、$x = b$（$a < b$）および x 軸で囲まれる図形の面積 S は、以下の定積分で求められる。

$$S = \int_a^b f(x)dx$$

もしかしたらまだ「本当かな？」と疑っている人がいるかもしれないので（数学では疑うのはよいことです！）、積分を使わなくても面積が求まる図形でこれが正しいことを確かめておきましょう。
　下図の面積 S を求めることにします。

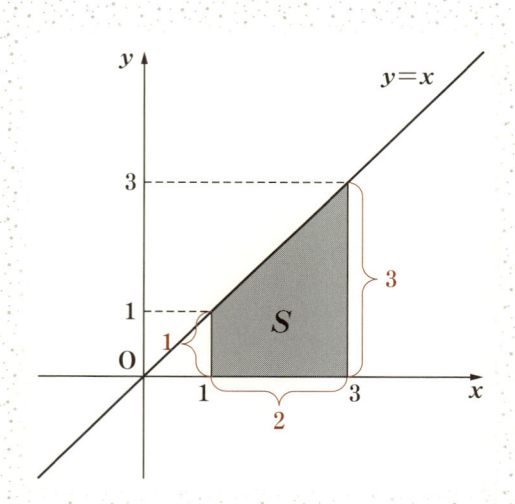

図は上底が 1、下底が 3、高さが 2 の台形ですから、

$$S = (1+3) \times 2 \div 2 = 4$$

より、面積 S は 4 です。
　では、定積分でも S を求めてみましょう。
　S は $f(x) = x$, $x = 1$, $x = 3$ および x 軸で囲まれた図形なので、

$$S = \int_1^3 x dx$$
$$= \left[\frac{1}{2} x^2 \right]_1^3 = \frac{1}{2} \cdot 3^2 - \frac{1}{2} \cdot 1^2$$
$$= \frac{9}{2} - \frac{1}{2} = \frac{8}{2} = 4 \quad \boxed{\text{正しい！＼(\^o\^)／}}$$

➤ アルキメデスの求積法の検算

219 ページで紹介したアルキメデスの求積法（取り尽くし法）で、アルキメデスは、下図のような放物線と直線で囲まれた部分（赤いところ）

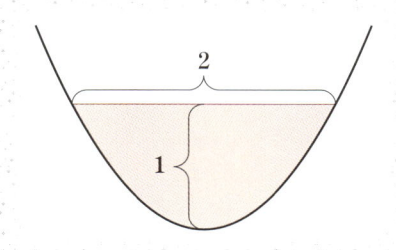

の面積が「$\dfrac{4}{3}$」であると結論しました。

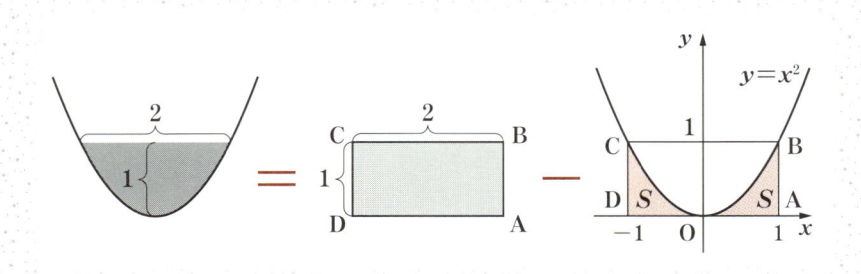

これが正しいことを定積分で確認しておきたいと思います。上の面積は、下のような ▼ ＝ ■ − ◥◣ という考え方で求まりますね。

長方形 ABCD から引き算する面積を定積分で求めていきます。引き算する面積は放物線の下側の面積ですが、放物線は左右対称なので x 軸の正の側と負の側の面積をそれぞれ S にしましょう。

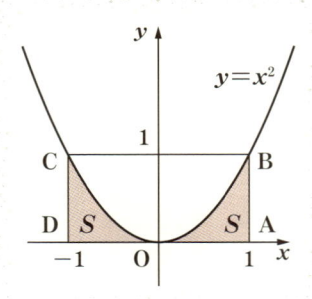

x 軸の正の側（右側）の S は $y=x^2$, $x=0$（y 軸），$x=1$, および x 軸で囲まれた面積なので，

$$S = \int_0^1 x^2 dx = \left[\frac{1}{3}x^3\right]_0^1 = \frac{1}{3}\cdot 1^3 - \frac{1}{3}\cdot 0^3 = \frac{1}{3}$$

$$\boxed{\begin{aligned}S &= \int_a^b f(x)dx \\ &= [F(x)]_a^b \\ &= F(b) - F(a)\end{aligned}}$$

長方形 ABCD の面積は

$$2 \times 1 = 2$$

以上より，

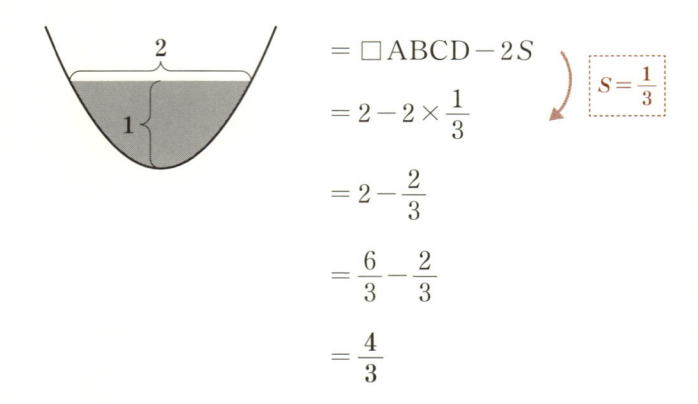

$$= \square \text{ABCD} - 2S$$
$$= 2 - 2 \times \frac{1}{3}$$
$$= 2 - \frac{2}{3}$$
$$= \frac{6}{3} - \frac{2}{3}$$
$$= \frac{4}{3}$$

$\boxed{S = \frac{1}{3}}$

やっぱりアルキメデスは正しかったことが分かります！

➤ 定積分の置換積分

前節で不定積分の置換積分を学びましたが、定積分でも置換積分ができます。ただし定積分の置換積分では手順が1つ増えるので要注意です（これについては後述します）。ここでは、

$$\int_0^r \sqrt{r^2 - x^2}\, dx \quad [r は r > 0 の定数]$$

の定積分を考えることにしましょう。

「$\sqrt{r^2 - x^2}$」の原始関数はすぐには分からないので、これを置換積分したいと思います。でも何をどのように置換したらよいのでしょうか？

実は「$\sqrt{r^2 - x^2}$」を含む定積分は「$x = r\sin\theta$」とおくとうまくいくことが知られています。前にも書いたとおり、積分の計算は一般には難しく、いろいろなテクニックが必要なのですが、この置換は理系の大学受験生には広く知られているテクニックの1つです。

今「うまくいく」様子をお見せします。

$$x = r\sin\theta \quad \cdots ①$$

とおきます。両辺を θ で微分すると、 $(\sin\theta)' = \cos\theta$

「x を θ で微分する」
= 「$\dfrac{dx}{d\theta}$ をつくる」

$$\frac{dx}{d\theta} = r\cos\theta$$

ライプニッツの記号の恩恵を受けて、

$$dx = r\cos\theta \cdot d\theta \quad \cdots ②$$

と変形しておきましょう。

さあ、ここからが**不定積分の置換積分にはなかった手順**です。

今回の問題は積分区間が x について「$0 \to r$」です。①のように置換したとき、θ についてこれがどのように変わるかを調べておきます。

①より、$x = 0$ のとき

$$0 = r\sin\theta \quad \Rightarrow \quad \sin\theta = 0$$

$x = r$ のとき

$$r = r\sin\theta \quad \Rightarrow \quad \sin\theta = 1$$

です。ところで、**三角関数の定義の図**（P113）は

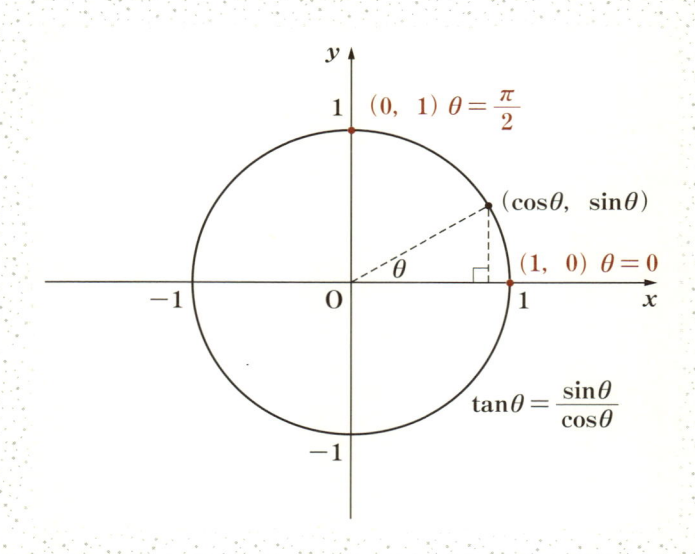

でした。$\sin\theta$ は y 座標ですから、上図より、

$$\sin\theta = 0 \quad \Rightarrow \quad \theta = 0$$

$$\sin\theta = 1 \quad \Rightarrow \quad \theta = \frac{\pi}{2}$$

$\boxed{\dfrac{\pi}{2} = 90°}$

と分かります。つまり、

$$x = 0 \quad \Rightarrow \quad \sin\theta = 0 \quad \Rightarrow \quad \theta = 0$$

$$x = r \quad \Rightarrow \quad \sin\theta = 1 \quad \Rightarrow \quad \theta = \frac{\pi}{2} \quad \cdots ③$$

こういう表をつくるのが定積分における置換積分の特徴！

x	0	→	r
θ	0	→	$\dfrac{\pi}{2}$

①~③を代入していきます。

$$\int_0^r \sqrt{r^2 - x^2}\,dx = \int_0^{\frac{\pi}{2}} \sqrt{r^2 - (r\sin\theta)^2}\, r\cos\theta \cdot d\theta$$

$x = r\sin\theta$
$dx = r\cos\theta \cdot d\theta$

定積分による置換積分では、**積分区間も変わる**ので要注意です。

$$= \int_0^{\frac{\pi}{2}} \sqrt{r^2 - r^2\sin^2\theta}\, r\cos\theta \cdot d\theta$$

$$= \int_0^{\frac{\pi}{2}} \sqrt{r^2(1 - \sin^2\theta)}\, r\cos\theta \cdot d\theta$$

三角関数の相互関係
(P114) より
$\cos^2\theta + \sin^2\theta = 1$
$\Rightarrow\ 1 - \sin^2\theta = \cos^2\theta$

$$= \int_0^{\frac{\pi}{2}} \sqrt{r^2\cos^2\theta}\, r\cos\theta \cdot d\theta$$

$$= \int_0^{\frac{\pi}{2}} r\cos\theta \cdot r\cos\theta \cdot d\theta$$

$$= \int_0^{\frac{\pi}{2}} r^2\cos^2\theta \cdot d\theta$$

$$= r^2 \int_0^{\frac{\pi}{2}} \cos^2\theta\, d\theta \quad \cdots ④$$

だいぶスッキリはしてきましたが、ここでパタッと手が止まってしまいます……。

実はこの積分を進めるには、もう少し手を加える必要があります。

三角関数のところの問題（東大の入試問題 P106）で、
$$\cos(\alpha+\beta) = \cos\alpha\cos\beta - \sin\alpha\sin\beta$$
を証明しました。この式で「$\alpha = \beta = \theta$」とすると、
$$\cos(\theta+\theta) = \cos\theta\cos\theta - \sin\theta\sin\theta$$
上の式を整理します。

$$\begin{aligned}\cos 2\theta &= \cos^2\theta - \sin^2\theta \\ &= \cos^2\theta - (1-\cos^2\theta) \\ &= 2\cos^2\theta - 1\end{aligned}$$

> $\cos^2\theta + \sin^2\theta = 1$
> $\Rightarrow \sin^2\theta = 1 - \cos^2\theta$

これをさらに変形して $\cos^2\theta$ が左辺にくる形にすると、
$$\cos^2\theta = \frac{\cos 2\theta + 1}{2}$$
となります。これを先ほどの④式に代入します。

$$r^2 \int_0^{\frac{\pi}{2}} \cos^2\theta\, d\theta = r^2 \int_0^{\frac{\pi}{2}} \frac{\cos 2\theta + 1}{2} d\theta$$
$$= \frac{r^2}{2} \int_0^{\frac{\pi}{2}} (\cos 2\theta + 1) d\theta \quad \cdots ⑤$$

> このあたりシンドイ
> ですがガンバレ！

ここで
$$(\sin 2\theta)' = \cos 2\theta \cdot (2\theta)' = \cos 2\theta \cdot 2$$

> 合成関数の微分（P96）
> 外の微分・中の微分

なので、両辺を 2 で割れば、
$$\left(\frac{1}{2}\sin 2\theta\right)' = \cos 2\theta$$
であることに注意すると、
$$\int \cos 2\theta\, d\theta = \frac{1}{2}\sin 2\theta \quad [\text{積分定数 } C \text{ は省略}]$$
となります。よって⑤式は

$$\frac{r^2}{2}\int_0^{\frac{\pi}{2}}(\cos 2\theta+1)d\theta = \frac{r^2}{2}\left[\frac{1}{2}\sin 2\theta+\theta\right]_0^{\frac{\pi}{2}} \quad \boxed{F\left(\frac{\pi}{2}\right)-F(0)}$$

$$= \frac{r^2}{2}\left\{\left(\frac{1}{2}\sin 2\cdot\frac{\pi}{2}+\frac{\pi}{2}\right)-\left(\frac{1}{2}\sin 2\cdot 0+0\right)\right\}$$

$$= \frac{r^2}{2}\left\{\left(\frac{1}{2}\sin\pi+\frac{\pi}{2}\right)-\left(\frac{1}{2}\sin 0+0\right)\right\}$$

$$= \frac{r^2}{2}\cdot\left\{\left(0+\frac{\pi}{2}\right)-(0+0)\right\} \quad \boxed{\begin{array}{l}\pi=180°\\ \sin\pi=0\\ \sin 0=0\end{array}}$$

$$= \frac{r^2}{2}\cdot\frac{\pi}{2}$$

$$= \frac{r^2\pi}{4}$$

注）円の方程式が分かる人は

$$x^2+y^2=r^2$$
$$\Rightarrow \quad y=\pm\sqrt{r^2-x^2}$$

であることから、上の積分が半径 r の四分円の面積に相等していることを確認してください。

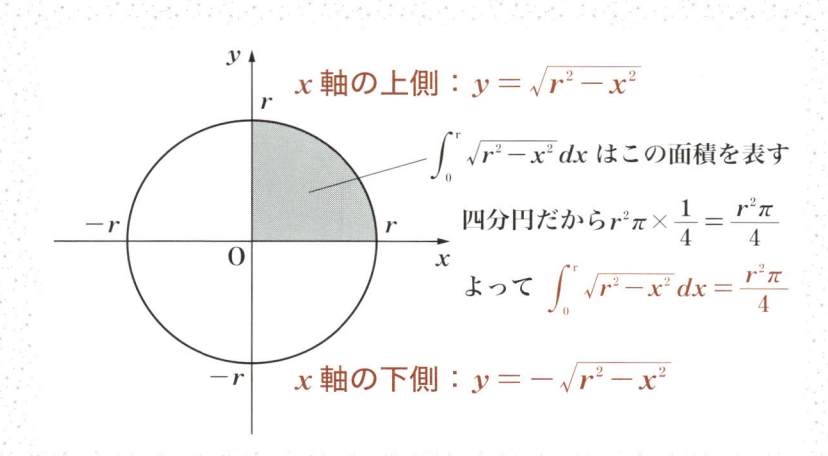

x 軸の上側：$y=\sqrt{r^2-x^2}$

$\int_0^r\sqrt{r^2-x^2}\,dx$ はこの面積を表す

四分円だから $r^2\pi\times\dfrac{1}{4}=\dfrac{r^2\pi}{4}$

よって $\int_0^r\sqrt{r^2-x^2}\,dx=\dfrac{r^2\pi}{4}$

x 軸の下側：$y=-\sqrt{r^2-x^2}$

お疲れ様でした！　いよいよ冒頭の問題の解答に入ります。

解　答

問題は 266 ページ

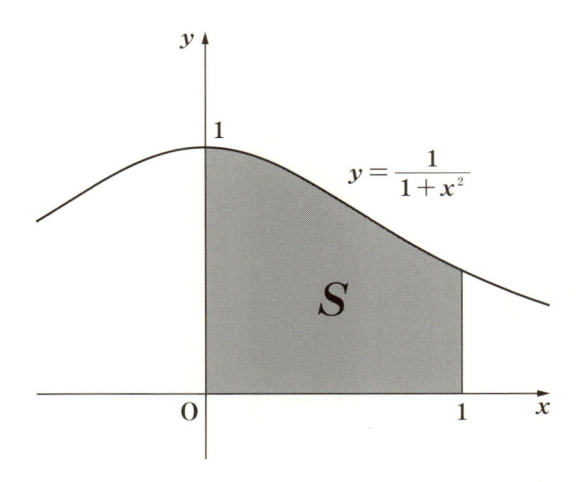

定積分と面積の関係より

$$S = \int_0^1 \frac{1}{1+x^2} dx$$

であることは大丈夫ですね。

　問題はこの定積分をどのように行うか、です。

　ここでも大学受験にはお馴染みのテクニックを使います。

　一般に「a^2+x^2」を含む積分では「$x=a\tan\theta$」とおくとうまくいくことが、やはり知られています（これも理系の大学受験生にはお馴染みのテクニックです）。

今回は「$1+x^2$」を含む積分なので、
$$x = \tan\theta \quad \cdots ⑥$$
とおきましょう。

> 135ページの問題の解答より
> $(\tan\theta)' = \dfrac{1}{\cos^2\theta}$

両辺を θ で微分すると、
$$\frac{dx}{d\theta} = \frac{1}{\cos^2\theta}$$

$$dx = \frac{1}{\cos^2\theta} d\theta \quad \cdots ⑦$$

ここで積分区間がどう変わるかを調べておきます。

もともとの積分区間は x について「$0 \to 1$」です。⑥より
$$x = 0 \quad \Rightarrow \quad \tan\theta = 0$$
$$x = 1 \quad \Rightarrow \quad \tan\theta = 1$$
ですね。

ところで三角関数の相互関係（P114）より、
$$\tan\theta = \frac{\sin\theta}{\cos\theta}$$

というわけですが、これは下図の **OP の傾き**になっています。

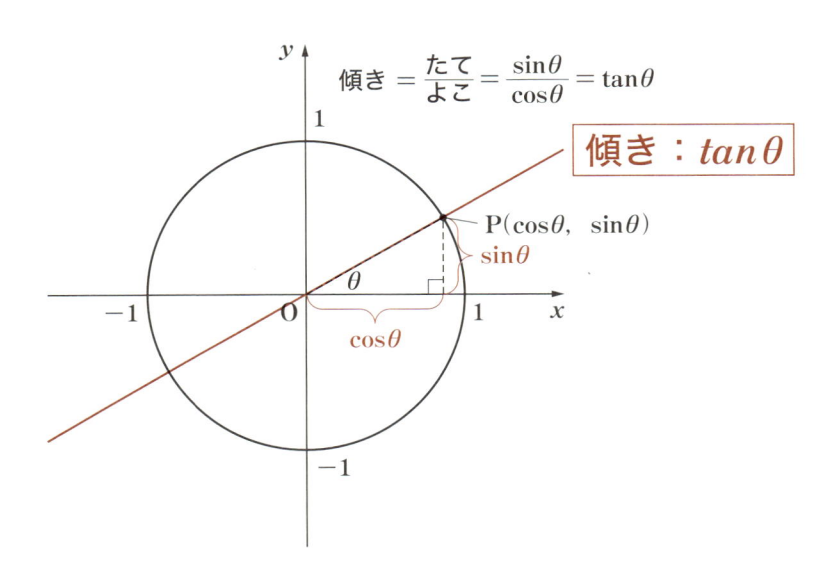

傾き $= \dfrac{たて}{よこ} = \dfrac{\sin\theta}{\cos\theta} = \tan\theta$

傾き：$tan\,\theta$

P($\cos\theta$, $\sin\theta$)

よって、

$x=0$ ⇒ $\tan\theta=0$ ⇒ 傾きが0 ⇒ $\theta=0$

$x=1$ ⇒ $\tan\theta=1$ ⇒ 傾きが1 ⇒ $\theta=\dfrac{\pi}{4}$

$\dfrac{\pi}{4}=45°$

です。以上より下表のようになります。

x	0	→	1
θ	0	→	$\dfrac{\pi}{4}$

さあ、いよいよ計算の準備が整いました。

⑥、⑦と上の表より、

$$dx = \dfrac{1}{\cos^2\theta}d\theta$$

$$S = \int_0^1 \dfrac{1}{1+x^2}dx = \int_0^{\frac{\pi}{4}} \dfrac{1}{1+\tan^2\theta}\dfrac{1}{\cos^2\theta}d\theta$$

$x = \tan\theta$

あれ？　苦労して置換した割には全然計算が楽になっていない感じがしますね（むしろややこしくなっている？）。

でも、三角関数の相互関係を使って計算してみると、上式の右辺はびっくりするくらい簡単になります！

$$1+\tan^2\theta = 1+\left(\frac{\sin\theta}{\cos\theta}\right)^2$$

三角関数の相互関係より
$$\tan\theta = \frac{\sin\theta}{\cos\theta}$$

$$= 1+\frac{\sin^2\theta}{\cos^2\theta}$$

$$= \frac{\cos^2\theta}{\cos^2\theta}+\frac{\sin^2\theta}{\cos^2\theta}$$

$$= \frac{\cos^2\theta+\sin^2\theta}{\cos^2\theta}$$

$$= \frac{1}{\cos^2\theta}$$

三角関数の相互関係より
$$\cos^2\theta+\sin^2\theta = 1$$

つまり、

$$1+\tan^2\theta = \frac{1}{\cos^2\theta}$$

です。これを先ほどのややこしかった式に代入してみます。

$$S=\int_0^{\frac{\pi}{4}}\frac{1}{1+\tan^2\theta}\frac{1}{\cos^2\theta}d\theta = \int_0^{\frac{\pi}{4}}\frac{1}{\frac{1}{\cos^2\theta}}\times\frac{1}{\cos^2\theta}d\theta$$

$$=\int_0^{\frac{\pi}{4}}\frac{1\times 1}{\frac{1}{\cos^2\theta}\times\cos^2\theta}d\theta$$

$(\theta)' = 1$ より
$$\int 1 dx = \theta$$

$$=\int_0^{\frac{\pi}{4}}1 d\theta$$ ←おぉ！Σ(・ω・ﾉ)ﾉ

$$=[\theta]_0^{\frac{\pi}{4}}$$

$$=\frac{\pi}{4}-0$$

$$=\frac{\pi}{4}$$

以上より、求める面積は

$$S=\frac{\pi}{4}$$

お疲れ様でした！

そして最初に予告したとおり、この積分の結果はある意外な「真実」を教えてくれます。それはライプニッツが発見した円周率（π）と奇数の不思議な関係です。

▶ ライプニッツが発見した「奇数の奇跡」

「数列のイロハ」で学んだ**等比数列の和の公式**（P33）を使うと、**初項が a_1 で公比が r であるような等比数列の第 n 項までの和 S_n は、**

$$S_n = a_1 + a_1 r + a_1 r^2 + \cdots\cdots + a_1 r^{n-2} + a_1 r^{n-1} \quad [r \neq 1]$$
$$= \frac{a_1(1-r^n)}{1-r} \quad \cdots ⑧$$

でしたね。

これを使って次のように表される T を求めてみましょう。

$$T = 1 - x^2 + x^4 - x^6 + x^8 - x^{10} + x^{12} - \cdots$$

実はこれも「等比数列の和」になっていることに気づきますでしょうか？ T は下のように**初項が 1、公比が $(-x^2)$** の等比数列の和になっています。

$$T = 1 \underset{\times(-x^2)}{\longrightarrow} - x^2 \underset{\times(-x^2)}{\longrightarrow} + x^4 \underset{\times(-x^2)}{\longrightarrow} - x^6 \underset{\times(-x^2)}{\longrightarrow} + x^8 \underset{\times(-x^2)}{\longrightarrow} - x^{10} \underset{\times(-x^2)}{\longrightarrow} + x^{12} - \cdots$$

ただし末尾が「…」なのでこの数列の和はどこまでも続いていきます。すなわち、項数は ∞（無限大）です。

では T を⑧を使って表してみましょう。⑧式は

$$\frac{初項(1-公比^{項数})}{1-公比}$$

の形をしているので、

$$T = \frac{1 \cdot \{1-(-x^2)^\infty\}}{1-(-x^2)}$$

ですね。ただし、第 4 節（§04）の「数列の極限」（P36）でも書いたとおり、「$(-x^2)^\infty$」という表現のしかたは横着なのであって、本来は、

$$\lim_{n \to \infty}(-x^2)^n$$

と書くべきものです。

さて、ここで **$0 \leqq x < 1$ とする**と、

$$\lim_{n \to \infty}(-x^2)^n = 0$$

例えば $x = \dfrac{1}{2}$ なら

$\lim\limits_{n \to \infty}(-x^2)^n = \lim\limits_{n \to \infty}\left(-\dfrac{1}{4}\right)^n = 0$

なので、このとき、

$$T = \frac{1 \cdot \{1-(-x^2)^\infty\}}{1-(-x^2)} = \frac{1 \cdot (1-0)}{1+x^2} = \frac{1}{1+x^2}$$

です。すなわち、

$$T = 1 - x^2 + x^4 - x^6 + x^8 - x^{10} + x^{12} - \cdots = \frac{1}{1+x^2} \quad \cdots ⑨$$

となることが分かります。おや？　一番右の式は見覚えがありますね。そうです。先ほど苦労して計算した、

$$S = \int_0^1 \frac{1}{1+x^2} dx$$

の「中身」（被積分関数と言います）です。⑨式を使うと、この定積分は次のように書き換えられます。

$$S = \int_0^1 \frac{1}{1+x^2} dx = \int_0^1 (1 - x^2 + x^4 - x^6 + x^8 - x^{10} + x^{12} - \cdots) dx$$

注）$0 \leq x < 1$ において成り立つ⑨式を使ってこのように書けるのは、$x = 0$ から $x = 1$ までの定積分だからです。ここで鋭い読者の方は「$x = 1$ のときはダメなんじゃない？」と思われるかもしれません。まさにそのとおりで、厳密には $x = 1$ の場合の取り扱いは別に議論する必要がありますが、やや冗長に過ぎるのでここでは割愛させていただきます。

右端の定積分は簡単なので計算してみましょう。

$$\begin{aligned}
S &= \int_0^1 (1 - x^2 + x^4 - x^6 + x^8 - x^{10} + x^{12} - \cdots) dx \qquad \boxed{[F(x)]_0^1 = F(1) - F(0)} \\
&= \left[x - \frac{1}{3}x^3 + \frac{1}{5}x^5 - \frac{1}{7}x^7 + \frac{1}{9}x^9 - \frac{1}{11}x^{11} + \frac{1}{13}x^{13} - \cdots \right]_0^1 \\
&= \left(1 - \frac{1}{3} \cdot 1^3 + \frac{1}{5} \cdot 1^5 - \frac{1}{7} \cdot 1^7 + \frac{1}{9} \cdot 1^9 - \frac{1}{11} \cdot 1^{11} + \frac{1}{13} \cdot 1^{13} - \cdots \right) \\
&\quad - \left(0 - \frac{1}{3} \cdot 0^3 + \frac{1}{5} \cdot 0^5 - \frac{1}{7} \cdot 0^7 + \frac{1}{9} \cdot 0^9 - \frac{1}{11} \cdot 0^{11} + \frac{1}{13} \cdot 0^{13} - \cdots \right) \\
&= \left(1 - \frac{1}{3} \cdot 1 + \frac{1}{5} \cdot 1 - \frac{1}{7} \cdot 1 + \frac{1}{9} \cdot 1 - \frac{1}{11} \cdot 1 + \frac{1}{13} \cdot 1 - \cdots \right) - 0 \\
\therefore \quad S &= 1 - \frac{1}{3} + \frac{1}{5} - \frac{1}{7} + \frac{1}{9} - \frac{1}{11} + \frac{1}{13} - \cdots
\end{aligned}$$

最後は「**奇数の逆数を、プラス、マイナス交互に足しあわせたもの**」という随分と特徴的な結果になりました。

ところで、先ほど計算した面積 S はいくつでしたか？

$$S = \frac{\pi}{4}$$

でしたね。以上より、円周率（π）と奇数の間には次の関係があることが分かります。

$$\frac{\pi}{4} = 1 - \frac{1}{3} + \frac{1}{5} - \frac{1}{7} + \frac{1}{9} - \frac{1}{11} + \frac{1}{13} - \cdots$$

不思議ですよね～。単に「奇数の逆数を、プラス、マイナス交互に足しあわせていったもの」が、自然科学のなかで最も重要な定数と言っても過言ではない円周率と関係があるのです！　あまりに不思議なので、この関係を「**奇数の奇跡**」と呼ぶ人もいます。

ところで、この「奇跡」を最初に発見したのは誰でしょうか？　他でもありません。かのライプニッツです。28歳のときでした。興奮したライプニッツはすぐに師匠のホイヘンスに手紙を書きました。ホイヘンスは弟子の手紙にこう返信したそうです。

「あなたが円の驚くべき性質を発見したことは、あなたも否定しないでしょう。それは数学者たちの間で永遠に有名になることでしょう」

なお、これは紀元前2000年頃から続く円周率計算のなかで人類が獲得した**史上4番目の級数表示**（数列を無限に足しあわせたもので表された式）です。

注）クリスティアーン・ホイヘンス（1629-1695）はオランダで活躍した数学者・物理学者・天文学者。波の伝播に関する「ホイヘンスの原理」は日本の高校物理でもお馴染みです。

> この節は特に計算が大変だったと思う。でもその**苦労の先に真実が見える感動**を味わってほしい。そして**積分の計算が微分に比べていかに大変か**ということも知っておいてもらいたいな。

24 定積分の応用②：体積を求める

中学の数学で円錐や三角錐など「〜錐」の体積を求める公式

$$底面積 \times 高さ \times \frac{1}{3}$$

を習ったとき「$\frac{1}{3}$」を掛けることを不思議に思いませんでしたか？

あるいは、半径が r の球の体積は

$$\frac{4}{3}\pi r^3$$

であることを知って「$\frac{4}{3}$ ってどこから来たわけ!?」と、「責任者出てこい！」に似た感情を抱いたのは私だけではないと思います。

でも、どちらも、積分で体積を求める方法を学べばすっきりと納得できます！

問題

下図のような半径 r の円の上半分（x 軸の上側）の数式は

$$y = \sqrt{r^2 - x^2}$$

であることを用いて、半径 r の球の体積が $\frac{4}{3}\pi r^3$ であることを示しなさい。

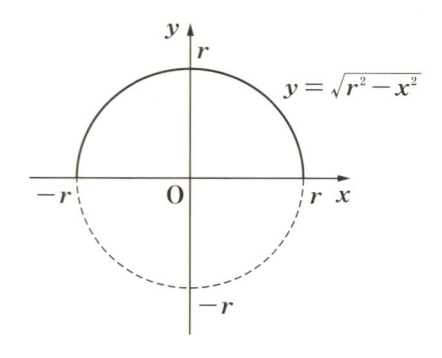

いきなり問題の解答には入らずに、"急がず回れ"で、積分で体積を求める方法の基礎から学んでいきます。

➣ ガウス少年がたどりついた酒樽の体積の求め方

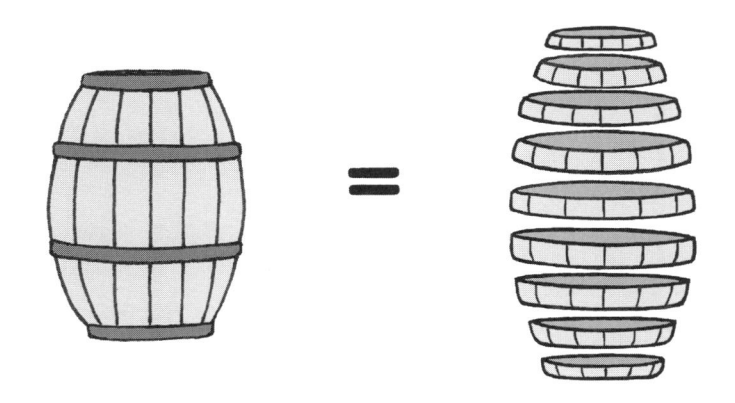

19ページでも紹介したガウスは、少年時代からいろいろな逸話をのこした人でしたが、やはりそんな伝説（レジェンド）のひとつを紹介します。上のような、中央が膨らんだ酒樽の体積を求めることができずに困っている大人たちの横で、ガウス少年は、酒樽を横にスライスして薄い円盤に分け、それらの体積を足しあわせれば体積が求まるのではないかと考えついたそうです。この、

「細かく分けたものを足しあわせて全体とする」

という考えは、まさに**積分そのもの**。さすが天才少年ガウスです！

ある立体を細かく分けてそれぞれの和を求めるということが、微分の逆演算、すなわち積分になる、ということを（面積のときと同じように）確かめておきましょう。

➤ 積分で体積が求まるワケ

下図のように x 軸の原点に頂点を持つ円錐があるとします。

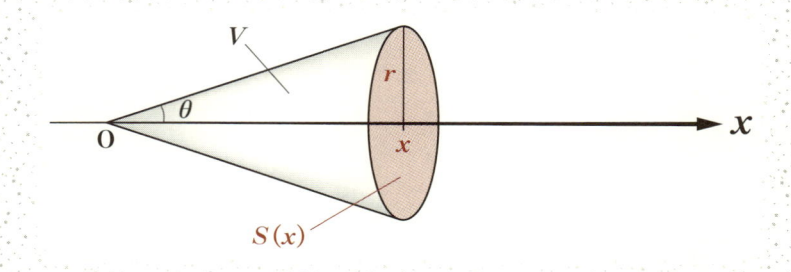

この円錐の「高さ」は x で底面は半径 r の円ですが、下図のような直角三角形を考えることで、r は x と $\tan\theta$（θ は定数）を使って表せます。

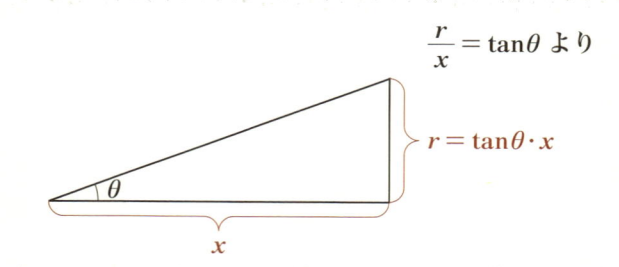

$$\frac{r}{x} = \tan\theta \text{ より}$$

$$r = \tan\theta \cdot x$$

これにより、**底面積は x の関数（x で決まる数）** になります。そこで、この円錐の底面積を $S(x)$ と書けば、

$$\begin{aligned}
S(x) &= r^2\pi \\
&= (\tan\theta \cdot x)^2 \pi \\
&= \pi \tan^2\theta \cdot x^2 \quad [\theta \text{ は定数}] \quad \cdots ①
\end{aligned}$$

$r = \tan\theta \cdot x$

です。

ここで左ページの円錐の高さを Δx だけのばして、体積を少しだけ増やすことを考えます。

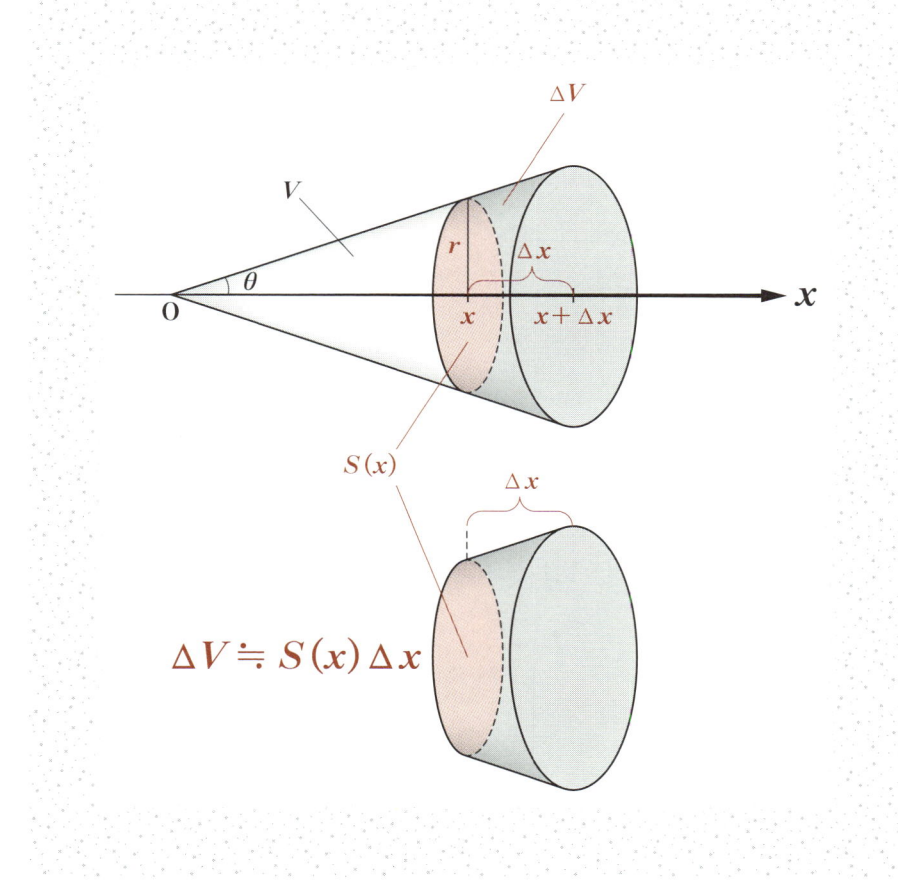

このとき増えた体積を ΔV とすると、**増えた分の体積は底面が $S(x)$ の円柱（薄い円盤）とほぼ等しいので、**

$$\Delta V \fallingdotseq S(x)\,\Delta x$$

です。両辺を Δx で割ってみましょう。

$$\frac{\Delta V}{\Delta x} \fallingdotseq S(x) \quad \cdots ②$$

ここで、勘のよい読者はお気づきだと思いますが、②式の Δx を限りなく小さくすれば、

$$\frac{dV}{dx} = S(x)$$

> $\lim_{\Delta x \to 0} \frac{\Delta y}{\Delta x} = \frac{dy}{dx}$
> でした（P93）

ですね！

V［体積］を微分すると $S(x)$［断（底）面積］になることが分かったわけです。ということは……そうです！ $S(x)$ を積分すれば、体積 V が求まります！

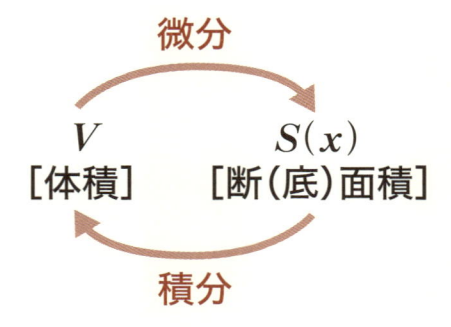

微分
V　　　　$S(x)$
［体積］　［断(底)面積］
積分

V は $S(x)$ の原始関数なので、V も x の関数です。これを $V(x)$ とすれば

$$V(x) = \int S(x)dx$$

ですね。

これは**体積 V** が「**Sum of $S(x)\Delta x$**」（P234）すなわち「**薄い円盤の体積 $\{S(x)\Delta x\}$ の和**」であることを示しています！ あっぱれガウス少年！

ここで取り上げた例は円錐でしたが、どんな立体でもx軸に垂直な断面（底面）の面積がxの関数になっていれば同様の議論が展開できます。

注）「同様の議論が展開できる」というのは、体積のわずかな増加分ΔVに対して

$$\Delta V \fallingdotseq S(x)\Delta x$$

が成り立つ、ということです。

つまり、下図のような立体においても、平面αと平面βで囲まれた体積を$V(x)$とすると、**$V(x)$は断面積$S(x)$の原始関数になります。**

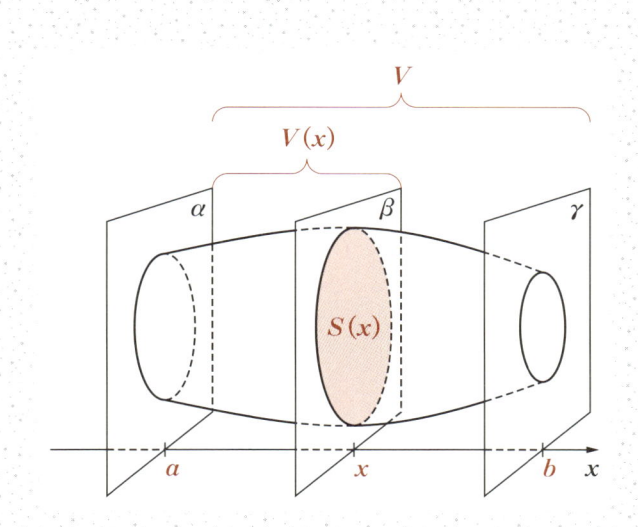

図より$V(a)=0$, $V(b)=V$なので

$$V = V - 0 = V(b) - V(a) = [V(x)]_a^b = \int_a^b S(x)dx \qquad \boxed{V(x) = \int S(x)dx}$$

はい！　これで積分によって体積を求める準備が整いました。

> **まとめ**　**定積分による体積の求め方**
>
> x 軸に垂直な平面による断面積が $S(x)$ である立体の $a \leqq x \leqq b$ の部分の体積 V は次の定積分で求められる。
>
> $$V = \int_a^b S(x)dx$$

　実際に体積を求める場合には、体積を求めたい x の範囲で定積分をすることになります。

➤ 円錐の体積の公式に「$\frac{1}{3}$」が登場する理由

　ではいよいよ円錐の体積を定積分で求めてみましょう。

　今、下図のような底面の半径が R で高さが h の円錐を考えることにします。

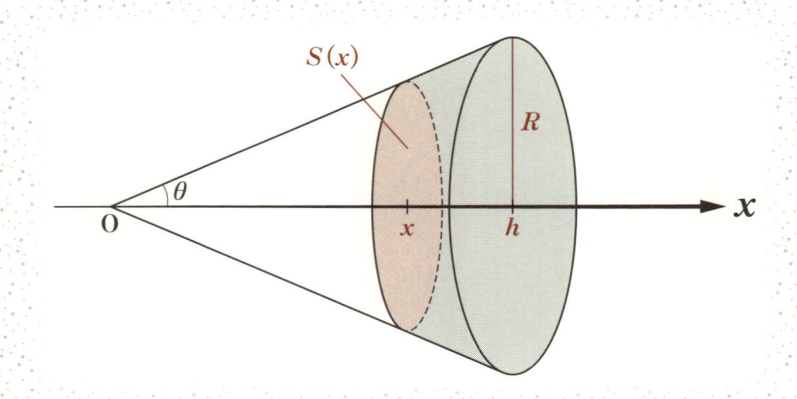

　286 ページの①の計算はそのまま使えるので、

$$S(x) = \pi \tan^2\theta \cdot x^2 \quad [\theta \text{ は定数}] \quad \cdots ①$$

また図から、

$$\tan\theta = \frac{R}{h} \quad \cdots ②$$

(図: 直角三角形、底辺 h、高さ R、角 θ、$\tan\theta = \dfrac{R}{h}$)

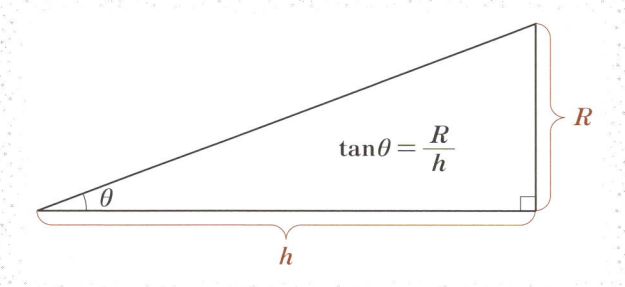

であることにも注意しておいてください（後で使います！）。

今、体積を求めるのは $0 \leqq x \leqq h$ の部分です。

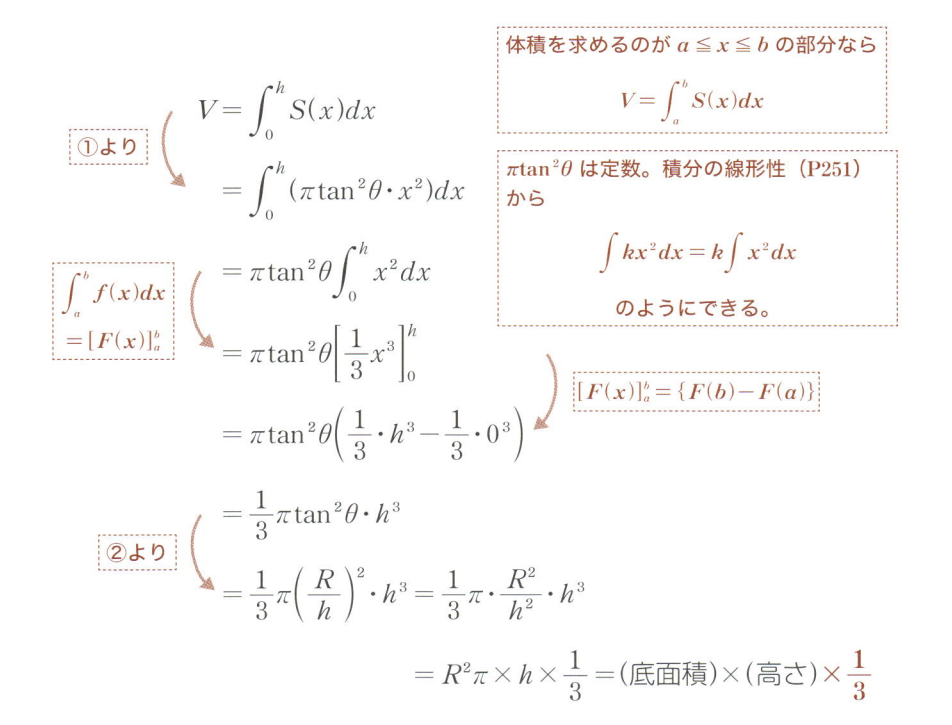

①より
$$V = \int_0^h S(x)dx$$
$$= \int_0^h (\pi\tan^2\theta \cdot x^2)dx$$

$\int_a^b f(x)dx = [F(x)]_a^b$

$$= \pi\tan^2\theta \int_0^h x^2 dx$$
$$= \pi\tan^2\theta \left[\frac{1}{3}x^3\right]_0^h$$
$$= \pi\tan^2\theta \left(\frac{1}{3}\cdot h^3 - \frac{1}{3}\cdot 0^3\right)$$

②より
$$= \frac{1}{3}\pi\tan^2\theta \cdot h^3$$
$$= \frac{1}{3}\pi\left(\frac{R}{h}\right)^2 \cdot h^3 = \frac{1}{3}\pi\cdot\frac{R^2}{h^2}\cdot h^3$$
$$= R^2\pi \times h \times \frac{1}{3} = (底面積)\times(高さ)\times\frac{1}{3}$$

> 体積を求めるのが $a \leqq x \leqq b$ の部分なら
> $$V = \int_a^b S(x)dx$$

> $\pi\tan^2\theta$ は定数。積分の線形性（P251）から
> $$\int kx^2 dx = k\int x^2 dx$$
> のようにできる。

> $[F(x)]_a^b = \{F(b) - F(a)\}$

四角錐や三角錐でも同じように x 軸を設定して定積分を行えば、体積を求めるには「$\frac{1}{3}$」を掛ける必要があることが示されます（余力のある人はやってみてください）。

中学時代からの疑問がこれでやっと晴れました！

➤ 回転体の体積

定積分によって体積を計算するためには、**x 軸に垂直な平面による断面の面積が x の関数として得られる必要があります**が、実際の立体の場合、それは簡単なことではありません。

ただし、断面積を x の関数として表しやすい立体があります。それが**回転体**です。下図のように「$y=f(x)$」で表される曲線（や直線）を x 軸のまわりに回転してできる立体（回転体）の**断面は半径 $|f(x)|$ の円**になり、**断面積は「$\{f(x)\}^2\pi$」になる**からです。

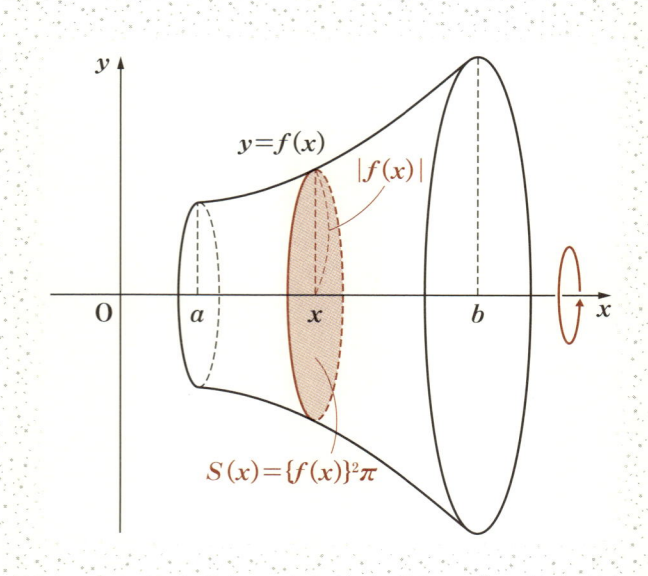

$$V = \int_a^b S(x)dx$$
$$= \int_a^b \{f(x)\}^2 \pi dx$$
$$= \pi \int_a^b \{f(x)\}^2 dx$$

> π は定数なので前に出せる。
> （積分の線形性 P251）
> $$\int kf(x)dx = k\int f(x)dx$$

より、回転体の体積は次のようにまとめられます。

まとめ　x 軸のまわりの回転体の体積の求め方

$y = f(x)$, $x = a$, $x = b$ ($a < b$) および x 軸で囲まれた部分を x 軸のまわりに 1 回転してできる立体（回転体）の体積 V は次の定積分で求められる。

$$V = \pi \int_a^b \{f(x)\}^2 dx = \pi \int_a^b y^2 dx$$

では、これを使って冒頭の問題を解いてみましょう。

解答

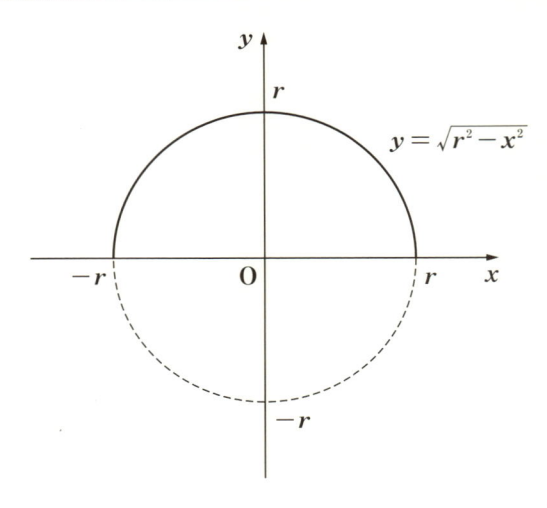

問題は 284 ページ

$y=\sqrt{r^2-x^2}$ は半径 r の円の上半分なので、これを回転して得られる立体（回転体）は半径 r の球ですね。

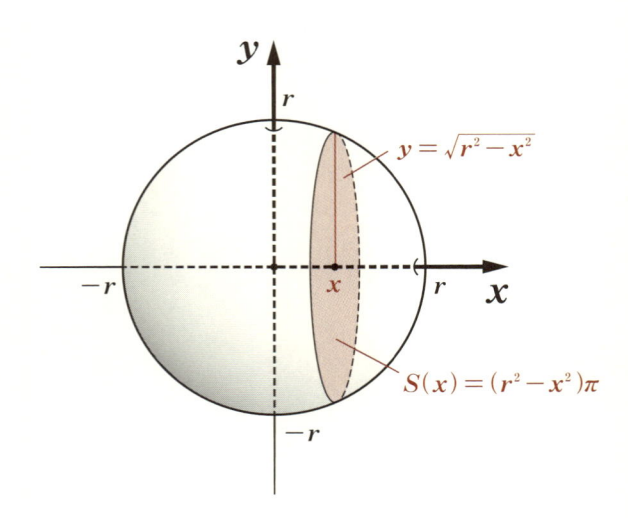

$$S(x) = (r^2 - x^2)\pi$$

x における断面は半径 $y=\sqrt{r^2-x^2}$ の円なので、断面積 $S(x)$ は

$$S(x) = y^2\pi = \sqrt{r^2-x^2}^2\pi = (r^2-x^2)\pi$$

ですね。これを $-r$ から r まで定積分すれば、球の体積 V が求まります。

$$\begin{aligned}
V &= \int_{-r}^{r} S(x)dx = \pi\int_{-r}^{r}(r^2-x^2)dx \\
&= \pi\left[r^2 x - \frac{1}{3}x^3\right]_{-r}^{r} \\
&= \pi\left[\left(r^2\cdot r - \frac{1}{3}r^3\right) - \left\{r^2\cdot(-r) - \frac{1}{3}(-r)^3\right\}\right] \\
&= \pi\left\{\left(r^3 - \frac{1}{3}r^3\right) - \left(-r^3 + \frac{1}{3}r^3\right)\right\} \\
&= \pi\left\{\frac{2}{3}r^3 - \left(-\frac{2}{3}r^3\right)\right\} \\
&= \pi\left(\frac{2}{3}r^3 + \frac{2}{3}r^3\right) = \frac{4}{3}\pi r^3
\end{aligned}$$

r^2 は定数。k が定数のとき $(kx)' = k$ より
$$\int k dx = kx$$

$[F(x)]_{-r}^{r} = \{F(r) - F(-r)\}$

$-\frac{1}{3}(-r)^3 = -\frac{1}{3}(-r^3)$
$\qquad = +\frac{1}{3}r^3$

おぉ！　確かに「$\frac{4}{3}\pi r^3$」になります。責任者に出てきてもらわなくてもよくなりました（笑）。

以上で**高校数学の微積分は終わり！**　お疲れ様でした！　次節は高校数学を少しはみ出て**微分方程式**の話です。

25 物理への応用②：微分方程式

　前節で**高校数学の範囲内における微分積分は完結**しました。高校数学の頂に立ってみよう、という当初の目標はすでに達成されたことになります。
　さて、今の気分はどうでしょうか？　きつかったですか？　それとも意外と楽でしたか？　そして今、あなたにはどんな「風景」が見えていますか？
　もちろん人によってご感想は様々だとは思いますが、ある種の達成感とともに、次のように思っている人はきっと少なくないだろうと思います。

「微分と積分の意味や計算方法についてはだいたい分かったし、接線の傾きや面積や体積も求められるようになった。でも、だからって微分・積分がそこまで重要なものには思えないなあ……」

　お気持ちはよく分かります。
　私もかつては同じような疑問・歯がゆさを感じていた一人です。私が微分・積分の魔法のような魅力の虜になったのは**物理学を通して衝撃的な経験をしたからです。**

　日本の高校で教わる物理の根幹はニュートンが体系立てた、いわゆる「ニュートン物理学」です。そして言わずもがな、ニュートンは微分・積分で世界を紐解いた最初の人です。それなのに文科省の定めた指導要領では、昔も今も高校物理は微分・積分を使わずに教えることになっています。
　結果として、高校の物理の教科書は微分・積分の「び」の字もなく書かれていますので、その説明は分かったような分からないようなものが多く、公式が出てくるたびに「世界はこうなっているのだから暗記しなさい」と言われている気分になったものでした。
　そんな最中、高校生の私は、幸運なことに微分・積分を使って物理を学ぶ機会に恵まれました。

初めて微分・積分で現象を捉える様子を見たときの感動は、今でも鮮明に覚えています。それまで機械的に暗記させられていた公式の数々が有機的に結びつき、物理学全体が一本の大樹のようになって姿を表したのです。その様は世界の美しさそのものであり、この宇宙は神が創りたもうたのだと信じるに十分な感動体験でした。

> 注）その感動を本書で皆様と分かちあうには、あと 50 ページは必要です。でも、本書で学んだことを下敷きにすれば、大学教養課程向けに書かれた（＝微分・積分を使って説明されている）物理学の本を読み解くことはそう難しくないと思います。興味のある方は以下の本をご参照ください。
>
> 山本義隆著『新・物理入門』（駿台文庫）
> 市村宗武・狩野覚著『物理学入門 I』（東京化学同人）

　では、その感動の源はどこにあったのでしょうか？　それは運動方程式と呼ばれる次の式にありました。

$$ma = F \quad \cdots ①$$

　m は物体の質量、a は加速度、F は物体に作用する力を表しています。何の変哲もない式です。ところが加速度 a を、微分を使って表すと**微分方程式**が表れて事態は一変します。

　次ページの問題を例に考えてみましょう。

問題

下のように、ばねにつながれた物体の運動は、次の運動方程式にしたがうことが分かっています。この物体の位置（x）を時間の関数で表しなさい。

$$ma = -kx$$

[m：物体の質量、a：物体の加速度、k：ばね定数]

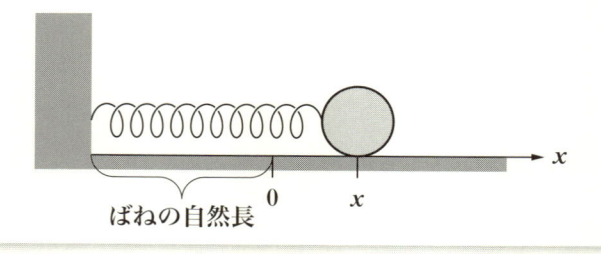

思いっきり物理の問題ですが、必要なことはすべて説明しますので、どうぞもうしばらくお付き合いください。この問題を解くことで、微分方程式を解く雰囲気を味わってもらいたいと思います。

まずは、あらゆる運動を司っていると言っても過言ではない**加速度**から……。

➤ 加速度について

「**加速度**」とは「**単位時間（ふつうは 1 秒）あたりの速度の変化率**」のことです。仮に速度 v が時間 t とともに次のグラフのように変化するとします。

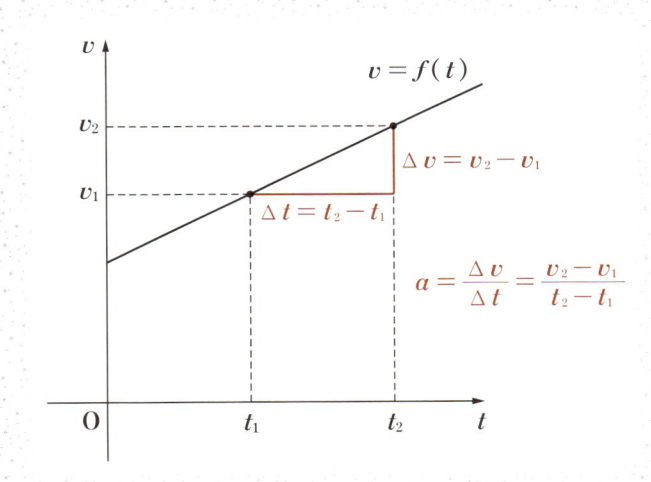

加速度は、定義より、

$$加速度 = \frac{速度の変化分}{時間の変化分}$$

で与えられるので、加速度を a として Δt、Δv を使って書けば、

$$a = \frac{\Delta v}{\Delta t} = \frac{v_2 - v_1}{t_2 - t_1} \quad \cdots ②$$

となります。

坂道を転がるボールの場合は、「$v = f(t)$」のグラフはこのような直線になりますが、例えば自動車がアクセルをふかしながら加速するときはこのようにはなりません。一般には「$v = f(t)$」のグラフは曲線になります。

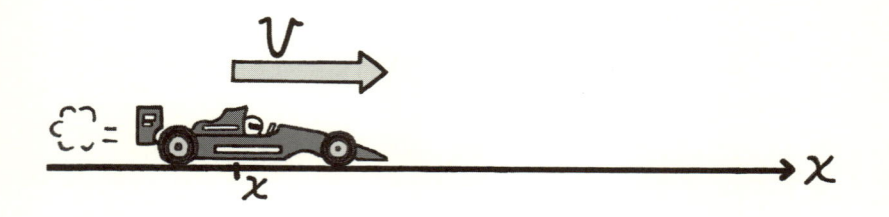

「$v = f(x)$」のグラフが曲線の場合に②の計算を行うと、それは平均の加速度になります。では「**瞬間の加速度**」を求めるにはどうすればよいのでしょうか……あれ？　なんかデジャブですよね？……そうです！　「**瞬間の速度**」の節（§07）でやったのとまったく同じように考えれば、瞬間の加速度も求まります。

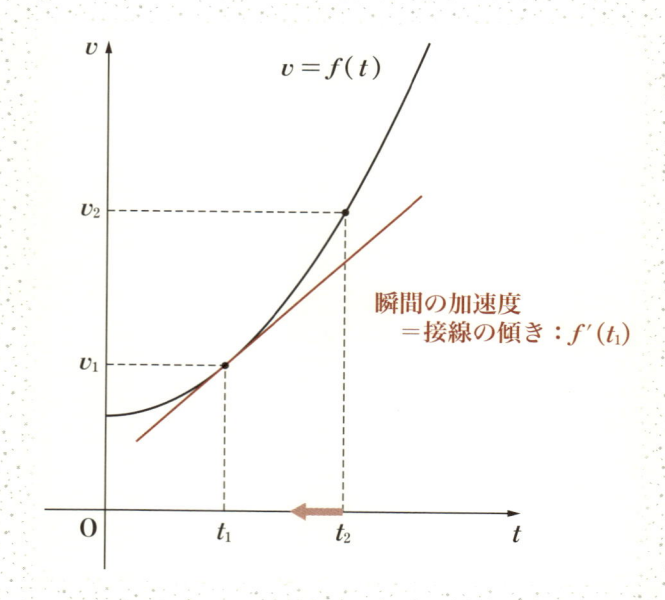

　「瞬間の速度」は $x-t$ グラフの接線の傾きでした。同様に**「瞬間の加速度」**は $v-t$ **グラフの接線の傾き**です。もちろん、t の値によって「瞬間の加速度」は変わります。

一方、接線の傾き、すなわち微分係数を入力値（今回の場合は t）の関数として捉えたのが導関数でした（§10）。つまり、刻一刻と変わっていく**加速度は速度 v の導関数**として表されるというわけです。数式で書けば、

$$a = \frac{dv}{dt}$$

です。
　まったく同様に考えれば、

$$v = \frac{dx}{dt}$$

とも書けます。**速度は位置の導関数**です。

平均の速度	平均の加速度
$\overline{v} = \dfrac{\Delta x}{\Delta t}$	$\overline{a} = \dfrac{\Delta v}{\Delta t}$

$$\Delta t \to 0$$

瞬間の速度	瞬間の加速度
$v = \dfrac{dx}{dt}$	$a = \dfrac{dv}{dt}$

　注）$\overline{v}$ や $\overline{a}$ のように上に「―」を付けるのは「平均」という意味です。

➤ 位置と速度と加速度の関係

位置（x）を微分すると速度（v）になり、速度を微分すると加速度（a）になるということは、**位置を時間(t)で2回微分すれば加速度が求まる**ということです。これを数式では、

$$a = \frac{dv}{dt}$$

$$= \frac{d\left(\frac{dx}{dt}\right)}{dt}$$

$$\therefore \quad a = \frac{d^2 x}{dt^2} \quad \cdots ③$$

$$\frac{b\left(\frac{y}{x}\right)}{a} = \frac{\frac{by}{x}}{a}$$
$$= \left(\frac{by}{x}\right) \div a$$
$$= \left(\frac{by}{x}\right) \times \frac{1}{a}$$
$$= \frac{by}{ax}$$

のように表します（ライプニッツが考えてくれた微分の記号は分数のように扱えて本当に便利です）。

また**微積分の基本定理**（§20）より、加速度を積分すれば速度に、速度を積分すれば位置になることも分かります。

下図は以上をまとめたものです。

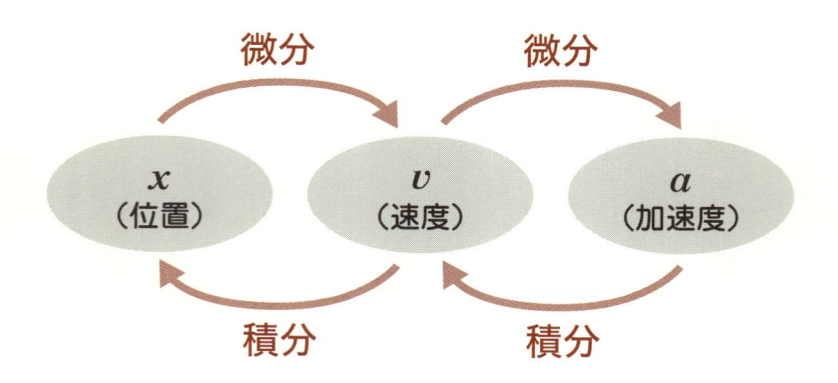

➤ 運動方程式は微分方程式だった！

さあ、①の運動方程式に③式を代入してみます。すると……

$$m\frac{d^2x}{dt^2} = F \quad \cdots ④$$

何の変哲もなかった運動方程式が**微分を含んだ方程式**、そう「**微分方程式**」になりました！　微分方程式の定義は実に単純です。

> **まとめ　微分方程式とは**
>
> 微分を含んだ方程式のこと

④の微分方程式を解くことで、

- エネルギー保存則
- 運動量保存則
- 角運動量保存則
- 単振動の一般式
- ケプラーの第2法則（面積速度一定の法則）

などを導くことができます！　物理学に馴染みのない方は「だから？」という気分になるかもしれませんが、これらはどれも物理学で森羅万象を解き明かすために欠かすことのできない重要な法則です。少なくとも私にとって、宇宙を支配する真理の数々がすべて、④の微分方程式から導かれてしまうことは本当に驚きでした！

➤ 微分方程式を解く、ということ

先ほど「微分方程式を解くことで」と書きましたが、具体的にはどうすればよいのでしょうか？

本書をここまで読んでくれたあなたなら、

- 微分……微（かす）かに分けること→分析
- 積分……微かに分けたものを積み上げること→総合

だということは理解してくれていると思います。そして、微分方程式というのは「**微分されたものが満たす条件を表している式**」です。つまり、微分方程式を見るというのは、限りなく細かく分けられた断片を眺めているようなものです。

その<u>断片から全体を再現しようとする行為</u>こそが微分方程式を解く、ということですが、早い話が**積分**です。実際、微分方程式を解くことを「積分する」と表現する国もあります。

前に、積分の難しさを、バラバラになったピースからジグソーパズルを完成させる難しさに喩（たと）えました（P246）が、微分方程式を解く難しさもまさに同じです。それはごくごく限られた局所的な情報から、全体を見積もることなので並大抵のことではありません。

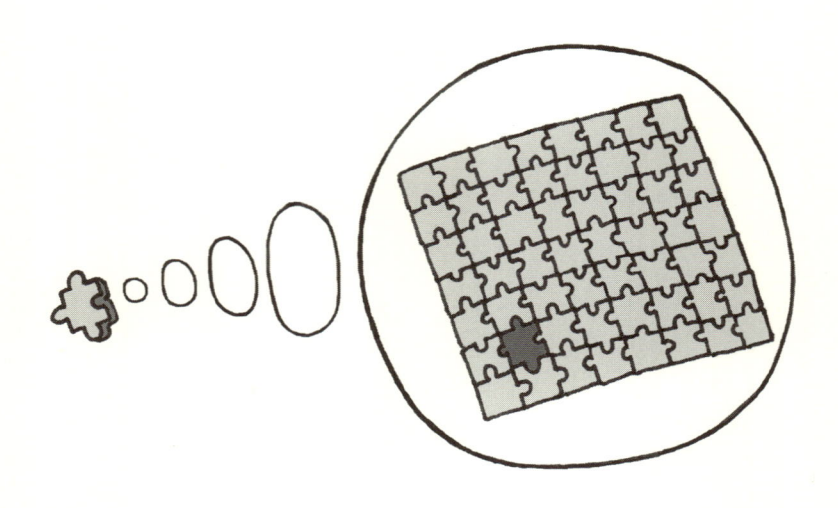

方程式、というと大抵の人は「$2x+1=5$」や「$x^2-x+2=0$」などを思い浮かべると思います。1次方程式は必ず解くことができますし、2次方程式も解の公式を使えば（複素数の範囲内で）必ず解けます。

　一方、微分方程式は必ず解けるわけではありません。ある数学の先生は**「世の中の 99 %の微分方程式は解けない」**とおっしゃっていましたが、私もまさにそんな印象です。

　微分方程式が解けるということは、ある現象が時間や個数などの関数として求まることを意味するので、その現象全体の解明につながります。例えば、ある物体の運動が④式の運動方程式（微分方程式）で書けて、これが解けたとすると、初期条件（$t=0$ のときの条件）さえ分かれば、未来永劫、いつ、いかなる時においても、その物体の場所を正確に予告することができるのです。

　それだけに、物理に限らず、経済学でも、社会学でも、生態学でも、**何かの要因によって変わりゆく現象を解き明かそうとする立場にある人は、必ず微分方程式と向きあうことになる**と言っても過言ではありません。

　だからこそ、微分方程式の解法は今現在もずっと研究されています。例えば、312 ページで触れる「**ナビエ・ストークスの方程式**」は、流体力学における大変重要な微分方程式ですが、解くこと以前に、そもそも一般に成り立つ解が存在するかどうかも分かっておらず、この方程式の解の存在を証明することはアメリカのクレイ研究所によって 100 万ドルの懸賞金がかけられている「**ミレニアム懸賞問題**」の 1 つです。

　では、冒頭の問題を解いてみましょう！

解答

問題は 298 ページ

このばねによる物体の運動は、

$$ma = -kx$$

という式にしたがうと問題文にあります。加速度 a に③を代入します。

$$m\frac{d^2x}{dt^2} = -kx$$

$$\Rightarrow \quad \frac{d^2x}{dt^2} = -\frac{k}{m}x$$

ここで $\frac{k}{m} = \omega$ とおくと、

$$\frac{d^2x}{dt^2} = -\omega x \quad [\omega \text{ は定数}] \quad \cdots ⑤$$

注）「ω」は「オメガ」と読むギリシャ文字で、物理ではよく使う記号です。

さてこの微分方程式を満たす x を考えるわけですが、左辺の「$\frac{d^2x}{dt^2}$」は x を t で 2 回微分する、という意味でしたね。一方、右辺の「$-\omega x$」は x を定数倍（ω 倍）して符号を逆にしたものです。

ここで思い出してもらいたいのが、三角関数の微分（§14）です。

$$(\sin x)' = \cos x$$
$$(\cos x)' = -\sin x$$

でした。これらを、dx を使って書くとこうです。

$$\frac{d(\sin x)}{dx} = \cos x \quad \cdots ⑥$$
$$\frac{d(\cos x)}{dx} = -\sin x \quad \cdots ⑦$$

今、⑦に⑥を代入すると、

$$\frac{d\left(\frac{d(\sin x)}{dx}\right)}{dx} = -\sin x$$

これは③と同じように「計算」できるので次のようになります。

$$\frac{d^2(\sin x)}{dx^2} = -\sin x$$

これは「$\sin x$」を x で2回微分すると「$-\sin x$」になることを示しています（いい感じです♪）。x と t を入れ替えれば、

$$\frac{d^2(\sin t)}{dt^2} = -\sin t$$

ですね。実はこれはすでに⑤の微分方程式の解にかなり近づいています。

もし、⑤が「ω」のない式

$$\frac{d^2 x}{dt^2} = -x \quad \cdots ⑤'$$

であれば、

$$x = \sin t$$

は⑤′の解の1つです。「解の1つ」なんて回りくどい言い方をするのは、これ以外にも⑤の解は存在するからです。

例えば、

$$x = 2\sin(t + \pi)$$

と表される x も⑤′の解です。

「本当？」と思うあなたのためにやってみます。

$x = 2\sin(t+\pi)$ のとき、

⑤′ の左辺 $= \dfrac{d^2 x}{dt^2}$

$= \dfrac{d^2\{2\sin(t+\pi)\}}{dt^2}$

$= \dfrac{d\left[\dfrac{d\{2\sin(t+\pi)\}}{dt}\right]}{dt}$

$= \dfrac{d\{2\cos(t+\pi)\}}{dt}$

$= -2\sin(t+\pi)$

$= -x$

> 合成関数の微分（§11）
>
> $\dfrac{d\{2\sin(t+\pi)\}}{dt} = 2\dfrac{d\{\sin(t+\pi)\}}{dt}$
> $= 2\cos(t+\pi)\cdot(t+\pi)'$
> $= 2\cos(t+\pi)\cdot 1$
> $= 2\cos(t+\pi)$

確かに、

$$\dfrac{d^2 x}{dt^2} = -x$$

になりますから、$x = 2\sin(t+\pi)$ は間違いなくこの微分方程式の解です。

「2」や「π」が他の定数でも同じように成り立つので、⑤′ の微分方程式の解は、

$$x = A\sin(t+\varphi) \quad [A \text{ と } \varphi \text{ は定数}]$$

の形をしていることになります！

注）「φ」は「ファイ」と読むギリシャ文字で、角度を表すのによく使われる記号です。

しかし喜んでばかりもいられません。⑤には「ω」が付いています。どうしましょうか？

これには「合成関数の微分」＝「外の微分・中の微分」(§11)を使います。今、

$$x = A\sin(nt+\varphi) \quad [A \text{ と } n \text{ と } \varphi \text{ は定数}]$$

これを t で微分してみると……

$$\frac{d\{A\sin(nt+\varphi)\}}{dt} = A\frac{d\{\sin(nt+\varphi)\}}{dt} \quad \boxed{\text{合成関数の微分}}$$
$$= A\cos(nt+\varphi)\cdot(nt+\varphi)'$$
$$= A\cos(nt+\varphi)\cdot(n+0)$$
$$= nA\cos(nt+\varphi)$$

となりますね。

これをもう一度 t で微分すると、

$$\frac{d\{nA\cos(nt+\varphi)\}}{dt} = nA\frac{d\{\cos(nt+\varphi)\}}{dt} \quad \boxed{\text{合成関数の微分}}$$
$$= nA\{-\sin(nt+\varphi)\}\cdot(nt+\varphi)'$$
$$= -nA\sin(nt+\varphi)\cdot(n+0)$$
$$= -n^2 A\sin(nt+\varphi)$$

つまり、「$A\sin(nt+\varphi)$」を t で2回微分すると「$-n^2 A\sin(nt+\varphi)$」になります。以上をまとめて書けば

$$\frac{d^2\{A\sin(nt+\varphi)\}}{dt^2} = -n^2 A\sin(nt+\varphi)$$

⑤の微分方程式と並べて書いてみましょう。

$$\frac{d^2 x}{dt^2} = -\omega x$$

$$\frac{d^2\{A\sin(nt+\varphi)\}}{dt^2} = -n^2 A\sin(nt+\varphi)$$

となります！

見比べると、

$$n^2 = \omega$$
$$\Rightarrow \quad n = \sqrt{\omega}$$

であればよいことが分かりますね（n は正の数としました）。

以上より⑤の微分方程式を満たす解は、

$$x = A\sin(\sqrt{\omega}\, t + \varphi)$$

です。

あと一息です。$\omega = \dfrac{k}{m}$ でしたからこれを代入して、

$$x = A\sin\left(\sqrt{\dfrac{k}{m}}\, t + \varphi\right) \quad [A \text{ と } \varphi \text{ は定数}] \quad \cdots ⑧$$

これが求める微分方程式の解です！

随分と回りくどい感じがしたかもしれません。実際は解けるタイプの微分方程式はいくつにも分類されていて、それぞれに典型的な解法が用意されているのですが、多くは面倒な式変形を伴います。

> **― 一般解と特殊解**

⑧の「解」には値の分からない定数 A と φ が入っています。なぜならばねによる物体の運動は $t=0$ の状態（**初期条件**と言います）によって大きく変わるからです。

最初にびよ～んと引き伸ばしてから始めれば、物体は激しく運動するでしょうし、ばねの自然長のところにそっと物体を置けば、物体は運動しないはずです。そういう様々な初期条件に応じて A や φ には具体的な値が入ります。

微分方程式の解にはいつも A や φ のような「任意の定数」が含まれます。このような形で示される解を「**一般解**」と言い、例えば

$$x = 3\sin\left(\sqrt{\frac{k}{m}}\,t + \frac{\pi}{2}\right)$$

のように「任意の定数」に具体的な値が入った解のことを「**特殊解**」と言います。

まとめ　微分方程式の解

任意の定数を含む「一般解」と
初期条件によって決まる「特殊解」がある

微分方程式の解法は面倒なことが多い。たくさんの計算をやっているうちに**本質を見失いがちになるから気をつけよう！**

ちょっとよこみち ④ 天気予報があたらない理由

　「○月△日未明から夕方にかけて広い範囲で大雪となり、関東平野部でも 10cm の積雪となる見込みです」
との天気予報が出て、前日から早々と鉄道の運休や間引き運転が決まったり、学校の休校が決まったりすることがあります。でも、こういう予報が出ても実際は騒ぐほどでなかったということもよくあります。

　天気予報は外れると「気象庁の怠慢だ」「しっかりしろー！」など批判の的(まと)になるものです。もちろん、お気持ちはよく分かります。私事ながら、天気予報には地球惑星物理学科時代のかつての同僚や先輩・後輩の多くが関係しているので、彼らの名誉のためにも、天気予報がなぜ難しいのかを、この本の最後に書かせてください。

➤ 天気予報の難しさ

　天気というのは、すなわち大気の状態のことですから、これを物理的に解析するには、いわゆる「流体力学」と言われる物理が必要になります。

　この流体力学の基本となるのが「**ナビエ・ストークス(の)方程式**」と呼ばれる微分方程式で、一般には次のような形をしています。

$$\frac{\partial v}{\partial t} + (v \cdot \nabla)v = -\frac{1}{p}\nabla p + v \nabla^2 v + F$$

　なんじゃ、こりゃ〜！　と叫びたくなるような式ですね。でも安心してください。本書では深入りしません。この式が本当に理解できるのは、大学の物理学科に進んだ一部の専門家だけです。

　ここで強調したいのは、**この微分方程式は（も！）「解けない」方程式だということです**。前節でも書いたとおり、そもそもこの方程式を満たす一般解が存在するかどうかさえもいまだに分かっていません。

　流体の挙動を表すナビエ・ストークス方程式が解ければ、1 年後でも 10

年後でも、未来永劫、知りたい日の天気を 100 ％の的中率で予想することができます。しかし現在のところ、それは叶わぬ夢です。

➤ スーパーコンピュータの出番です！

ではどうするか？　ナビエ・ストークス方程式を数学的（代数的）に**解くことは諦めます**。その代わり、

- ・質量保存則
- ・熱エネルギー保存の法則
- ・水蒸気保存の法則
- ・気体の状態方程式

などを加味しながら、**この方程式の「解」を近似的に求める**ことにします。これを**数値シミュレーション**と言いますが、数値シミュレーションには膨大な計算が必要になるので、スーパーコンピュータが用いられます。

天気予報の難しさに追い打ちをかけるかのように、「ナビエ・ストークス方程式」は非線形微分方程式（1 次式ではない微分方程式）であるために、**初期値のわずかな誤差が非常に大きなズレになってしまう「バタフライ効果」**という困った特性を持っています。解を数値シミュレーションによって近似的に求めるには、気圧、気温、風などのデータが必要になりますが、測定値に誤差がわずかでもあると、バタフライ効果（後述）によって予報は大きくズレてしまうのです。**スーパーコンピュータをもってしても、2 週間以上先の天気を正確に予報することはほぼ不可能**と言われています。

➤ 針小が棒大になる「バタフライ効果」

バタフライ効果は**「ブラジルでの蝶の羽ばたきはテキサスでトルネードを引き起こす」**などと表現され、通常なら無視できると思われるような極めて小さな差が、やがては無視できない大きな差となる現象のことを指します。ブラジルで蝶が羽ばたくという取るに足らない小さな出来事さえ、やがてテキサスでトルネードが起きるというような大規模気候変動に影響

を与える可能性があるのだから、正確な未来予想は不可能だということを示す比喩です。

とにもかくにも、数値シミュレーションによって近似解を求める際には誤差をいかに小さくするかが大きな課題となります。加えて、**海上と高層大気の観測データが不足している**ことも、数値予測による予報をさらに難しくしています。

➤ 的中率を上げる努力

近年は観測機器の進歩により、データの精度は上がってきています。地上の気象データを集める全国約1300ヶ所の「アメダス」の他、不足している上空のデータを集めるために気象衛星を使ったり、ゴム気球（ラジオゾンデ）を飛ばしたり、電波の反射を利用して風のデータを集める装置（ウィンドプロファイラ）を使ったりしています。

それでも現在のところスーパーコンピュータによる「数値予報」の的中率は70％です。ただし、数値予報がそのまま天気予報になるわけではありません。数値予報では地形の複雑さなどによる小さな気象現象を捉えきれないので、その地域の気象特性を知っている各気象台の予報官が数値予報を補正します。これによって**天気予報の的中率はここ10年で約82〜86％台まで上がってきました**（右ページ表）。ちなみに、気象庁は「適中率」と表記します。

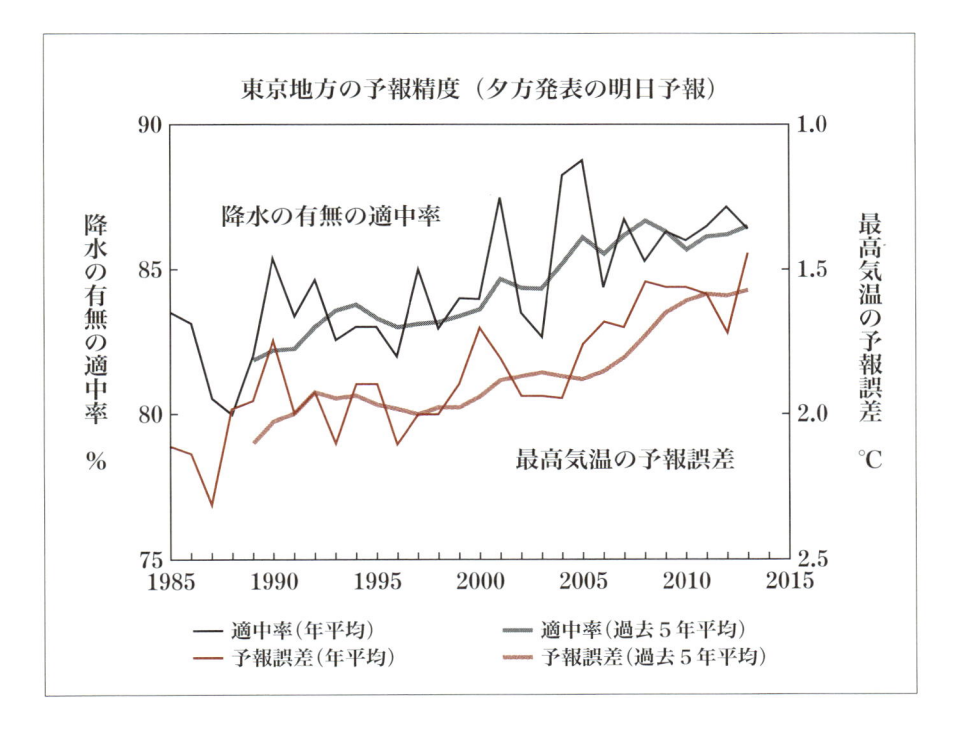

[出典：気象庁｜天気予報の精度検証結果
http://www.data.jma.go.jp/fcd/yoho/kensho/yohohyoka_top.html]

　いつの日か、ナビエ・ストークス方程式の一般解が求められるようになって天気予報が必ず的中する時代が来るかもしれません。でもそうなったら大安の日曜日で天気予報が晴れの日の結婚式場の予約はまず取れないでしょうね。それに思いがけず夕立に降られた後にふっと空を見たら虹がかかっていた……なんていう感動もなくなってしまうかも。

おわりに──この先に見えるもの

　決して薄手ではない本書を手に取り、高校数学の頂を目指して最後まで読み通されたあなたには、まず敬意と謝意を表したいと思います。
　本当にお疲れ様でした！

　すでに薄々感づいている方もいるかと思いますが**「高校数学の頂」とはすなわち近代数学という巨大な山脈の登山口でもあります**。こんなことを書くと「うへぇ！ まだ先があるの!?」と思いますか？（そんなことないですよね！）
　本書の読者なら、更なる山がそびえ立つことに辟易とするよりは、むしろ挑戦すべき頂があることにアドレナリンを分泌させつつ、ワクワクしているのではないでしょうか？（そう期待します！）
　この「おわりに」では、微分・積分の世界の「この先」にどんなものが待っているかをざっと紹介したいと思います。

(1) 関数の展開

　本書ではある関数を1次式で近似する方法について書きました（§19）が、大学以降ではその発展として、いわゆる**「テイラー展開」**というものを学びます。テイラー展開とは、ある関数を次のように「$(x-a)$, $(x-a)^2$, $\cdots$, $(x-a)^n$」の和で表すことを言います。

$$f(x) = f(a) + \frac{f'(a)}{1!}(x-a) + \frac{f''(a)}{2!}(x-a)^2 + \cdots + \frac{f^{(n)}(a)}{n!}(x-a)^n + \cdots$$

　第2項で止めると、P205で紹介した「1次近似式」になりますね。ちなみに、テイラー展開で $a=0$ としたものを**「マクローリン展開」**と言います。

(2) 偏微分

大学の数学で学ぶ微分・積分では**多変数関数**と呼ばれる関数が話題の中心になります。「多変数関数」というのは独立変数（入力値）が複数ある関数（= 函数）のことです。

多変数関数をどれか1つの変数について微分することを偏微分と言います。この偏微分の結果得られる関数は**偏導関数**と呼ばれ、例えば z が x と y の2変数関数のとき（$z = f(x, y)$ のとき）次のように表します。

x に関する偏導関数

$$\frac{\partial z}{\partial x} = \lim_{\Delta x \to 0} \frac{f(x+\Delta x, y) - f(x, y)}{\Delta x}$$

y に関する偏導関数

$$\frac{\partial z}{\partial y} = \lim_{\Delta y \to 0} \frac{f(x, y+\Delta y) - f(x, y)}{\Delta y}$$

> ∂ は一般には
> 「ラウンド」と読みます
> （∂z は「ラウンド・ゼット」）。

偏微分は注目してないほうの変数を定数のように扱えばよいので、本書の内容を理解している人はすぐにできるようになります。

(3) 多重積分

本書で扱ってきた1変数関数「$y = f(x)$」の積分には不定積分と定積分がありましたが、多変数関数の積分には不定積分の概念はなく、多重積分とはすなわち多変数関数の定積分のことです。「$z = f(x, y)$」の多重積分（2重積分）は次のように表されます。

$$\iint_d f(x, y) dx dy$$

多重積分も、実際の計算はそれぞれの変数について本書で学んだのと同じ方法で行います。

(4) 微分方程式

　本書では高校数学を逸脱する内容として最後の節で少し紹介しましたが、理系の大学に進学してから学ぶ微分・積分の最初のハイライトはこの「微分方程式」です。そこでは解けることが分かっている微分方程式を次のようにパターンに分けて、それぞれの解き方を演習によってマスターする、というのが大きな目標になります。

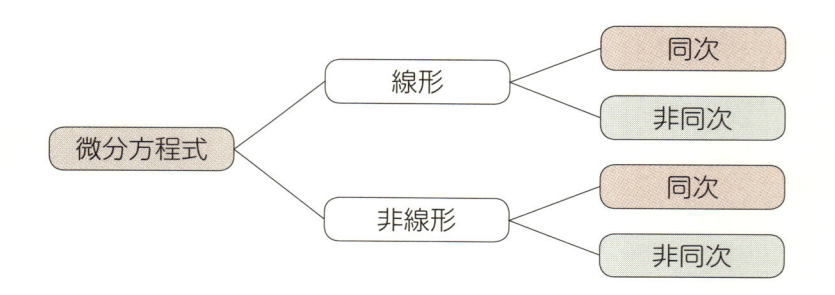

```
                    ┌─ 線形  ──┬─ 同次
微分方程式 ─┤           └─ 非同次
                    └─ 非線形 ─┬─ 同次
                                └─ 非同次
```

　これ以上の内容は、各人がどのような専門に進むかによって変わってきます。

　数学において微分・積分は線形代数と並ぶ双璧(そうへき)であり、理学・工学の各分野においては言うに及ばず、経済学や社会学などにも大いに応用されています。私が先ほど、今あなたが立っている高校数学の頂を「巨大な山脈の登山口」に喩(たと)えたのはそういう意味です。そしてどの山を踏破しようとしても、いずれも本書で学んでもらった内容を理解しておけば決して登頂不能な断崖絶壁ではありません。本書を最初に手に取ったときと同じ勇気を持ってあなたが「この先」に進んでくれることを願って筆を置きます。

春の訪れが待ち遠しい3月某日

永 野 裕 之

【著者紹介】
永野裕之（ながの・ひろゆき）

- 「永野数学塾」塾長。
- 1974年、東京生まれ。暁星小学校から暁星中学校、暁星高等学校を経て、東京大学理学部地球惑星物理学科卒業。同大学院宇宙科学研究所（現JAXA）中退。
- 高校時代に数学オリンピック出場。また、広中平祐氏が主催する「第12回 数理の翼セミナー」に東京都代表として参加。
- 数学と物理学をこよなく愛する傍ら、レストラン経営に参画。日本ソムリエ協会公認のワインエキスパートの資格取得。さらにウィーン国立音楽大学指揮科に留学するなど、多方面にその活動の場を拡げる一方、プロの家庭教師として100人以上の生徒にかかわる。その経験を生かして、神奈川県大和市に個別指導塾「永野数学塾」を開塾。分かりやすく熱のこもった指導ぶりがメディアでも紹介され、話題を呼んでいる。
- 主な著書に『大人のための数学勉強法』（ダイヤモンド社刊）、近著に『問題解決に役立つ数学』（PHP研究所刊）、『根っからの文系のためのシンプル数学発想術』（技術評論社刊）がある。

- カバーデザイン　　原田恵都子（ハラダ+ハラダ）
- 本文イラスト　　　ムロイコウ
- 本文組版　　　　　有限会社クリィーク

ふたたびの 微分・積分

2014年　4月 20日　第1刷発行
2022年　9月 15日　第7刷発行

著　者────永野裕之
発行者────徳留慶太郎
発行所────株式会社 すばる舎
　　　　　東京都豊島区東池袋3-9-7 東池袋織本ビル 〒170-0013
　　　　　TEL　03-3981-8651（代表）　03-3981-0767（営業部）
　　　　　振替　00140-7-116563
　　　　　http://www.subarusya.jp/
印　刷────株式会社 シナノ

落丁・乱丁本はお取り替えいたします
©Nagano Hiroyuki　2014　Printed in Japan
ISBN978-4-7991-0327-2